홀썸의
집밥 예찬

HOME COOK

홀썸의
집밥 예찬

매일의 건강 집밥이 불러온 놀라운 일상의 기적

홀썸모먼트 지음

다산
라이프

일러두기

1. 모든 계량은 다음의 기준을 따랐습니다.
   - 1큰술=15ml
   - 1작은술=5ml
   - 1컵=240ml
2. 모든 레시피에는 밀가루(글루텐), 정제 설탕, 유제품, 초가공식품이 포함되지 않습니다.
3. 레시피에 명시된 요리용 기름은 모두 엑스트라 버진 올리브오일을 사용했습니다.
4. 재료는 최대한 친환경을 사용했습니다. 특히 친환경을 추천하는 식재료의 경우 레시피에 따로 명시해 두었으니 참고해주세요.

내게 집밥의 소중함을 알려준
유년 시절 부엌 속 엄마에게

매일매일 집밥을 사랑으로 받아주는
더 건강해질 남편과 아들에게

나를 돌보는 집밥으로
건강하고 나다운 삶을 살고 싶은 모든 분들께

어둠에서 나를 꺼내준 나의 집밥

저는 제가 세상에 꼭 하고 싶은 이야기가 생기면 책을 쓰겠다 생각했습니다. 그런데 첫 책이 쿡북이 되리라고는 상상도 하지 못했어요. 전혀 예상하지 못했지만, 그럼에도 이 책은 제가 진심으로 전하고 싶은 이야기가 아닐까 감히 생각합니다.

현대인의 약 30% 정도는 불안 증상을 가지고 있다고 하지요. 몇 년 전의 저도 그런 사람 중 한 명이었습니다. 매일이 불안했고 걱정이 끊이지 않았습니다. 그런 시간을 보내고 나면 점점 무기력해지고 우울해졌어요. 삶의 질이 급격히 떨어지니 어떻게 살아야 할지 답을 찾을 수가 없었습니다. 남의 평가에 쉽게 흔들리고 휩쓸리곤 했습니다.

그래서 안전하다 느끼는 작은 원 안에 나를 가두고 온종일 그 안에서만 보냈습니다. 내가 무엇을 하고 싶은지, 무엇을 좋아하는지와 상관없이 세상이 인정하는 괜찮은 삶을 살아내는 데 몰입했어요. 그런 잣대를 고민할수록 저는 점점 더 작고 부족해졌습니다. 하루하루 불안은 더 커졌고, 그 불안에 잠식되는 저를 발견하기도 했어요. 당시 저는 건강한 식사에 관심이 없었습니다. 젊음을 과신했기에 운동이나 명상도 관심 밖에 있었지요. 외식과 배달 음식 등 자극적인 즐거움을 즐겼고, 그것이 스트레스를 푸는 데 제일 좋은 방법이라고 생각했어요.

그러다 아이가 태어났고, 저의 불안은 더 심해졌습니다. 저만큼 예민한 아이 때문이었죠. 장이 약한 남편과 예민한 기질의 아들에게 조금이라도 도움이 되고자 매일 먹는 음식에 관심을 가지기 시작했습니다. 아이의 예민함과 불안을 덜어줄 방법이 없을까 간절한 마음으로 알아보다가, 우리가 매일 먹는 음식이 우리의 신체뿐 아니라 마음에도 상당한 영향을 미칠 수 있음을 깨달았습니다. 자연스레 먹거리를 연구하고 관련 수업을 수료하는 등 더욱 적극적으로 공부하기 시작했습니다. 그 과정이 쌓일수록 음식이 얼마나 큰 힘을 갖는지, 아무 생각 없이 아무 음식이나 먹는 행위가 얼마나 몸과 마음의 건강을 해칠 수 있는지 깨닫기 시작했습니다.

식탁 위의 음식을 하나씩 바꾸면서, 냉장고에 있는 초가공식품을 없애면서, 첨가물이 많은 양념을 버리고 채소와 건강한 식재료로 냉장고를 채우면서, 나에게 맞는 음식을 찾으면서 저는 천천히 바뀌었습니다. 코로나19가 시작되었던 2020년은 건강한 집밥에 더욱 집중한 시기였습니다. 외출이 제한된 이 시기를 오히려 기회로 삼아 거의 모든 끼니를 초가공식품 없는 건강한 집밥으로 채우기로 마음먹었어요.

이후 첫 1년 동안 매일 집밥을 했지만 똑같은 집밥은 하나도 없었습니다. 어떤 날은 기가 막히게 맛있는 레시피를 터득하기도 하고, 어떤 날은 내가 먹어도 맛이 없다 느껴지는 날도 있었어요. 건강한 재료만을 가지고 멋진 메뉴를 완성시킨 날에는 일기장에 레시피를 적으며 행복해하기도 했습니다. 외출을 하거나 여행을 갈 때도 도시락을 싸거나 부엌이 있는 숙소에서 직접 음식을 만들어 먹는 고집을 부리기도 했어요. 적어도 1년은 집밥으로 채우겠다는 일념으로 말이지요. 그 어떤 하루도 똑같은 날이 없었고, 그렇게 집밥이 쌓여갔습니다.

이렇게 점을 찍듯 매일 집밥을 해오니, 자연스럽게 내 손으로 오롯이 만든 집밥이 1000끼를 훌쩍 넘어 있었습니다. 2020년 한 해 동안 정확히는 1081끼, 다음 해는 1052끼, 그다음 해는 1033끼를 계속해서 집밥으로 채워갔습니다. 점처럼 찍어왔던 매일의 집밥이 뒤돌아보니 기다란 선이 되어 내 삶의 방향을 이끌어주고 있었습니다. 이렇게 찍어온 점이 그저 식사를 만드는 행위가 아니라 다정하고 성의 있게 나를 돌보는 과정임을 깨달았어요.

게다가 꾸준히 건강한 집밥을 먹자 가장 먼저 수면의 질이 달라졌습니다. 잠을 잘 자고 일어나니 운동으로 체력을 키우고 싶다는 생각이 들었고, 그렇게 운동을 하고 난 뒤에는 온몸의 에너지가 생기고, 다음 삶의 목표가 생겨나기 시작했어요. 그랬더니 잠을 더 잘 자고, 자연스럽게 긍정적인 생각

이 떠오르기 시작했습니다. 그렇게 더 건강하고 더 나은 사람이 되고 싶다는 열망이 생겼습니다.

나를 돌보기 위한 명상을 시작하고, 새로운 공부를 시작했으며, 새로운 커리어에 도전하게 되고, 더 많은 책을 읽고, 글을 쓰고, 긍정 확언을 해나가면서 나를 성장시키는 일에 진심이 되었습니다. 스스로를 가둬두었던 안전지대를 박차고 나와, 늘 하고 싶었음에도 엄두를 내지 못했던 새로운 일을 시작하고 더 큰 나를 찾고 싶어졌어요. 더 좋은 사람이 되어서, 더 좋은 에너지와 기운으로 다른 사람들과 잘 살고 싶다는 생각이 들기 시작했습니다.

SNS를 통해 음식에 대한 나의 경험과 건강한 삶의 정보, 그리고 레시피를 공유하기 시작한 것도 그때입니다. 저처럼 힘들거나 지친 모두에게 나의 경험을 공유해 도움이 되고 싶었어요. 그러면서 나를 사랑하는 마음처럼 남을 사랑하고 싶다는 마음이 생겼고, 이를 위해 제가 직접 만든 건강한 음식을 지역아동센터나 그룹홈에 정기적으로 나누는 일도 시작했습니다. 제가 정성껏 만든 음식이 아이들에게 사랑으로 전해지길 기도하면서요. 지금도 우리 모두가 스스로를 사랑하며 평안한 삶을 사는 세상이 되었으면 하는 진부하지만 큰 꿈을 조심스레 꿉니다.

이 모든 일은 음식을 바꾸는 일에서 시작되었습니다. 식사를 바꾸었을 뿐인데 꼬리에 꼬리를 물며 자연스럽고 천천히, 나도 모르는 사이에 진행되었습니다. 너무 힘들고 괴로운 상태에서 갑자기 운동을 시작하거나, 명상을 하거나, 자기계발을 시작할 수는 없는 일이지요. 그런데 누구나 안 먹고 살 수는 없어요. 어차피 매일 먹는 음식이라면, 최소 하루에 한 끼라도 초가공식품 없이 채소가 많은 자연 식재료로 직접 신경 써 요리해 보는 건 어떨까요? 조금씩 변화가 찾아올 겁니다.

건강한 식단을 너무 어렵게 생각하지 마세요. 식사 시간이 그저 맛있는 음식을 먹는 데서 끝나는 것이 아니라, 내 몸을 아끼고 사랑하는 과정이라고 생각해 보세요. 식사를 시작하기 전, 음식을 먹을 기회가 있어 감사하다는 기도를 5초만 해보세요. 너무 어려운 식단의 원리와 과학을 공부할 필요도 없습니다. 그저 나를 힘들고 지치게 만드는 자극적인 음식을 줄이고 자연이 주는 음식으로 채워보세요. 어제의 나보다 1%씩 더 성장하는 나를 발견할 거예요. 매일 나를 위한 정성들인 식사를 준비하는 것은 미래의 건강한 나에게 응원을 보내는 것과 같아요.

배달 음식을 주문하거나 외식을 하기보다, 한 끼라도 부엌에서 식사를 직접 만들 수 있기를, 가공식품이 즐비한 대형마트보다 건강한 식재료에 대한 정보가 가득한 유기농 전문 매장을 방문해 보기를, 식품 마케팅에 휘둘리기보다 원재료 표기를 꼼꼼히 살펴 스스로 판단할 수 있기를, 소셜미디어에서 유행하는 식단이 아니라 진짜 음식으로 스스로의 몸을 채울 수 있기를, 여러 식단의 정보 속에 지치거나 휘둘리지 않고 나의 몸을 더 사랑하고 이해하는 식단을 꾸준히 찾아나갈 수 있기를, 요리에 숨겨진 아름답고 반짝이는 매력을 찾아갈 수 있기를, 내가 쓰는 식비가 가계부의 지출이 아니라 투자가 될 수 있기를, 지속적인 집밥을 통해 지혜와 행복, 건강, 긍정, 보람이 넘쳐나기를. 그 해답을 매일 부엌에서 발견할 수 있기를 진심으로 소망합니다.

아울러 누군가 제 책을 통해 더 건강하게 음식을 먹고, 나를 돌보게 되고, 스스로를 사랑하는 마음이 생긴다면 그만큼 더 행복하고 좋은 일이 없을 것 같아요.

2024년 홀썸모먼트

배달 앱이나 식당이 정한 기준에 맞추어

내 삶과 건강을 누릴 수 있는 자유에 제한을 두지 마세요.

우리가 먹는 것이 곧 우리 자신입니다.

결국 집밥은 자유랍니다.

contents

Chapter 1

매일매일 집밥을 먹고 싶다면
쉽고 간편한 집밥을 위한 비법

Chapter 2

음식의 진짜 주인공, 재료
재료 중심의 식사

Chapter 3

채소를 먹는다, 채소를 즐긴다
채소가 풍부한 식사

Chapter 4

집밥이 진짜 건강해지려면
염증을 줄이는 집밥

Chapter 5

우리가 집밥을 해야 하는 진짜 이유
나를 사랑하는 식사

INTRO

집밥을 시작하기 전에

홀썸 집밥 조리 도구

너무 많은 조리 도구를 부엌에 두는 것은 지양하지만, 정말로 필요한 도구에 투자하는 것은 집밥의 효율을 높이고 맛을 끌어올리는 데 무척 도움이 됩니다. 아래는 제가 집밥을 하면서 꾸준히 잘 활용하고 있는 조리 도구들입니다.

초퍼
chopper

재료를 빠르게 다질 수 있는 조리 도구입니다. 재료를 잘게 다지는 일은 시간도 오래 걸리고 매우 수고로운 작업인데요. 칼질 대신 초퍼에 넣고 버튼만 누르면 빠르게 재료를 준비할 수 있어 편리해요. 페스토, 후무스, 볶음밥을 만들 때 특히 유용합니다.

초고속 블렌더
high speed blender

기능이 좋은 초고속 블렌더는 수프, 스무디, 소스의 질을 한 단계 올려줘요. 블렌더 종류에 따라 입자의 크기를 조절하는 기능도 있으니 잘 활용하세요.

핸드 블렌더
hand blender

냄비에 담긴 상태 그대로 재료를 갈 수 있어 간편합니다. 초고속 블렌더보다는 입자가 곱지 않지만 번거롭지 않다는 장점이 있어요. 수프나 소스를 만드는 데 많이 사용하며 요즘에는 무선 제품도 많아요.

오븐
oven

원 트레이 베이크, 원 볼 베이킹 등에 활용합니다. 저 대신 요리를 완성하는 만능 부엌 조수예요. 너무 비싸지 않은 적절한 사양의 가정용 오븐이면 충분하니 부담 갖지 마세요. 요즘은 에어프라이어 등 다양한 기능이 함께 탑재된 제품도 많아 더욱 유용합니다.

스테인리스 트레이
stainless steel tray

오븐용 요리를 위해 꼭 필요한 도구입니다. 채소 구이부터 베이킹까지 모든 요리에 활용 가능해요. 다양한 요리를 담아두기에도 좋습니다. 스테인리스 제품은 코팅이 없어 인세에노 무해합니다.

그레이터
grater

초퍼나 블렌더 외에 재료를 다지는 도구입니다. 치즈나 레몬 껍질은 물론, 채소를 갈 때도 좋아요. 채소 베이킹을 할 때는 채소를 가늘게 잘라야 하는 경우가 많아 그레이터가 참 유용합니다.

필러와 채칼
peeler & cutter

채소의 껍질을 벗기거나 채소를 가늘게 채 썰 때 사용합니다. 특히 양배추를 채 썰 때 유용해요. 사용 시 장갑을 껴 손을 보호합니다.

뚜껑이 있는 스테인리스 프라이팬 stainless steel pan with lid	원 팬 라이스, 원 팟 나물 등을 자주 만드는 저에게 뚜껑이 있는 스테인리스 프라이팬이야말로 가장 중요한 조리 도구입니다. 뚜껑이 빈틈없이 닫히고, 어느 정도 바닥 두께가 있는 제품이어야 저수분 요리, 혹은 찌듯이 익히기가 가능하니 제품을 구매할 때 참고하세요.
뚜껑이 있는 주물 냄비 cast iron pot	주물처럼 뚜껑이 무거우면 무수분이나 저수분 요리를 할 때 수분이 빠져나가지 않아 조리가 쉬워집니다. 무거운 것이 단점이지만, 식재료의 맛을 잘 보존하는 도구이기도 합니다.
계량스푼 & 계량컵 measuring spoon and cup	베이킹은 계량이 전부라는 말이 있을 만큼 정확한 계량이 생명인데요. 계량스푼이나 계량컵은 베이킹에도 유용하지만 일반 요리를 할 때 재료의 양을 가늠하는 데도 편리합니다.
스테인리스 찜기 stainless steel steamer	조리 방법 중 '찌기'는 건강을 위해 매우 유용한 방식이지요. 찜 요리가 가능한 소형 가전제품도 있지만, 저는 직접 불 조절이 가능한 채망이 있는 찜기를 더 선호해요.
보관 용기 container	밀프렙 후 식재료를 담아두는 데 사용합니다. 다양한 사이즈를 구비해 두면 상황에 따라 적절히 사용할 수 있어 부엌일이 좀 더 간편해집니다. 건강을 위해 플라스틱 대신 스테인리스나 유리로 된 제품을 사용하길 권합니다.
탈수기 salad spinner	채소를 세척 후 보관할 때 물기가 남아 있으면 금방 물러져 오래 보관할 수 없어요. 이때 채소 탈수기를 이용하면 더욱 말끔히, 손쉽게 물기를 제거할 수 있습니다.

홀썸 팬트리

저는 되도록 신선한 홀푸드 식재료를 구매해서 요리에 사용하지만, 집밥을 더욱 쉽고 편리하게 만들기 위해 건강한 가공식품을 기꺼이 활용합니다. 제가 팬트리에 보관하며 다양한 요리에 활용하는 일부 제품을 소개합니다.

유기농 국산 현미가루
brown rice flour

유기농 현미가루는 글루텐이 없는 베이킹에 자주 쓰입니다. 특히 한살림 제품은 밀가루와 식감이 비슷해 밀가루 대체재로 매우 유용해요.

유기농 오트밀
oatmeal

오트밀은 식이섬유를 많이 포함하고 있어 다른 정제 가루보다 건강해요. 다만 잔류 농약 논란이 있기 때문에 최대한 유기농 제품을 구매하길 권합니다. 글루텐에 민감하다면 글루텐 프리 인증 제품으로 사용하는 것이 좋습니다.

껍질을 벗긴 아몬드가루
almond flour

아몬드가루 역시 저탄수 베이킹에 종종 사용하는데요. 일반 아몬드가루보다 껍질을 벗긴 제품은 더욱 부드럽고, 소화도 잘될 뿐더러 미네랄 흡수를 방해하는 피트산의 섭취도 줄일 수 있어요. 저는 밥스레드밀 제품을 해외에서 직접 구매해 사용합니다.

퀴노아
quinoa

슈퍼푸드 중 하나인 퀴노아는 식감이 쫄깃하고 맛이 좋아 샐러드나 수프에 자주 사용합니다. 국내 제품도 있지만 더 다양한 종류의 퀴노아를 구매하고 싶다면 해외 직구를 이용하는 것도 방법입니다.

글루텐 프리 파스타
gluten-free pasta

대부분 유기농 현미나 쌀로 만든 파스타를 사용합니다. 해외에서 조비알 현미 파스타 제품을 자주 구매하지만, 한살림의 유기 현미나 100% 메밀국수를 파스타 대신 활용할 때도 있어요. 해외에는 렌틸콩이나 병아리콩으로 만든 파스타도 있으니 취향에 맞게 구매해 활용해 보세요.

한식간장	오로지 메주, 소금, 물로만 이루어진 한식간장을 사용합니다. 한식간장은 국간 장이나 전통 간장, 재래간장, 조선간장이라고도 불리는데요. 유리병에 담겨 있고, 국내산 콩과 소금으로 만들어 충분한 숙성 기간을 거친 제품을 사용합니다. 한식간장은 다른 간장에 비해 염도가 높아 적은 양으로 충분히 간을 맞출 수 있습니다. 간장의 맛과 염도 기준은 사람마다 다르니 취향에 맞는 제품으로 선택하세요.
된장, 고추장	된장은 메주와 소금으로만 만든 한식 재래된장을 사용합니다. 고추장은 밀가루, 설탕, 첨가제 없이 국내산 고춧가루로 만든 제품을 사용해요.
요리술	요리술은 가급적 사용하지 않지만, 잡내 제거를 위해 꼭 필요할 때가 종종 있어요. 그때는 최대한 첨가물이 없고 유기농 원재료로 만든 한살림 제품을 사용합니다. 당을 제한하는 분들은 당 함량이 적은 무첨가 요리술을 사용해 보세요. 요리술도 초가공식품인 경우가 많으니 원재료를 꼭 확인하고 구매합니다.
멸치액젓	첨가물이 없고 국산 멸치와 국산 천일염만으로 만든 제품을 사용합니다.
생들기름	국산 들깨로 저온 압착한 들기름을 사용합니다. 생들기름은 산패에 취약하기 때문에 최근에 착유된 제품인지 확인하고, 최대한 적은 용량의 제품을 구매해 개봉 후 한 달 안에 소진하려 노력해요.
애플 사이다 비니거	유기농 인증이 있고, 유리병에 든 제품으로 첨가물이 없는 자연 발효된 제품을 구매합니다.
홀그레인 머스터드 & 디종 머스터드	첨가물이 없고 겨자씨, 향신료 등 유기농 식재료로 만든 제품을 선별해 사용합니다. 샌드위치나 샐러드 드레싱을 만들 때 많이 활용하고 있어요.
배 농축액 또는 사과 농축액	자주 활용하지는 않지만 요리에 단맛이 꼭 필요할 때에는 설탕 대신 사과, 배 같은 과일 농축액을 소량 활용해요. 국내산 사과와 배로만 만든 한살림 제품을 주로 사용합니다.

엑스트라 버진 올리브오일	올리브오일은 산도, 수확 연도, 품종, 포장 상태 등을 모두 꼼꼼히 확인해 엑스
extra virgin olive oil	트라 버진급으로 구매합니다. 만약 엑스트라 버진 올리브오일을 요리 기름으로
	사용한다면 발연점도 확인해야 해요. 발연점이 높아야 요리 기름으로 활용할
	때 더욱 안전하기 때문입니다. 산도가 낮고 좋은 품질의 올리브오일일수록 발
	연점이 높으니 구매 시 관련 정보를 꼭 확인하세요.

토마토 페이스트 &	유기농 토마토 100%로 만든 토마토 병조림이나 국산 토마토 농축액을 얼려 만
토마토 병조림	든 제품을 사용합니다. 수프, 소스, 파스타를 만들 때 자주 활용해요.
tomato paste	

코코넛오일	볶음 요리나 베이킹, 커리 등을 만들 때 활용해요. 발연점이 높아 고온 요리를
coconut oil	할 때 유용합니다. 특유의 달콤한 향과 맛이 채소에도 잘 어울려요.

콩 병조림	병아리콩, 흰강낭콩 등 자주 활용하는 콩은 직접 삶아 먹기 어려울 때 유기농과
bottled peas	non-gmo 인증을 받은 병조림 제품을 구매해 활용합니다. 후무스, 수프 등을
	만들 때 조리 시간을 단축할 수 있습니다.

넛버터	땅콩버터, 아몬드버터, 캐슈너트버터 등은 설탕이나 팜유, 보존제가 포함되지
nut butter	않은 순수 견과류 100%만을 원재료로 한 제품을 구매해요. 드레싱, 베이킹, 스
	무디, 후무스 등 다양한 요리에 활용할 수 있습니다.

마스코바도 비정제 설탕	정제 백설탕이 아닌 비정제 설탕인 마스코바도 설탕을 베이킹에 소량 사용합니
muscovado sugar	다. 비정제 설탕도 당인 만큼 양과 빈도를 제한해 요리나 베이킹에 사용해요.

렌틸콩	병아리콩만큼 자주 사용하는 렌틸은 그린, 브라운, 레드 등 종류가 다양한데요.
lentil	취향에 맞는 것으로 미리 익혀 밀프렙해 두고 샐러드나 커리에 추가하면 훌륭
	한 식물성 단백질이 되어줍니다.

타히니	타히니는 볶은 참깨를 갈아 만든 참깨 페이스트예요. 후무스를 만들 때 빠지지
tahini	않는 소스인데 직접 갈아 사용해도 좋지만 직구를 통해 참깨 100% 제품을 사
	용하면 더욱 간편하게 완성할 수 있습니다. 후무스 외에도 드레싱, 베이킹에도
	활용할 수 있습니다.

자연산 손질 해산물	해산물은 다양한 요리에 쓰이지만 손질하는 데 시간이 오래 걸려 번거로운 식재료이기도 하지요. 저는 급하게 해산물을 사용해야 하는 경우를 대비해 손질된 자연산 냉동 해산물을 구매해 둡니다. 주로 방사능 검사를 마친 한살림의 자연산 해산물을 이용해요.
유기농 냉동 채소	신선한 제철 채소를 사용하는 것이 가장 좋지만, 장을 봐두지 않았거나 손질할 시간이 없을 때 냉동 채소가 좋은 대안이 되기도 합니다. 가격도 신선 채소보다 저렴하고, 영양소 파괴도 적어 매우 유용해요. 되도록 유기농 제품으로 구매합니다.
냉동 감자 옹심이	뇨끼가 먹고 싶을 때 뇨끼 대신 밀가루 없는 100% 국산 감자로 만든 옹심이를 활용합니다. 국산 무농약 감자를 이용해 만든 한살림의 냉동 제품을 구매합니다.
냉동 토마토소스	토마토 병조림이나 캔은 수입 토마토가 대부분이지요. 만약 국내산 유기농 토마토로 만든 제품이 먹고 싶다면 한살림의 냉동 토마토 농축액을 활용해도 좋아요.

딜

이탈리안 파슬리

로즈메리

고수

바질

홀썸 허브와 향신료

허브와 향신료를 적절히 활용하면 음식의 풍미와 향을 더해 맛을 한층 끌어올릴 수 있어요. 게다가 건강에 이로운 점도 매우 많습니다. 항염 작용을 하기도 하고, 식물에서 유래하는 건강한 화학물질인 파이토케미컬을 보유하고 있어 면역력을 키울 수도 있거든요. 허브나 향신료가 낯선 입문자를 위해 기초 허브와 향신료를 소개합니다.

신선한 허브

딜
dill

오이, 감자, 연어와 잘 어울리는 향이 매력적인 허브입니다. 샐러드나 생선 요리뿐만 아니라 드레싱이나 수프, 피클 등에도 많이 활용됩니다.

이탈리안 파슬리
Italian parsley

잘게 다져 요리의 마무리용 토핑으로 정말 많이 사용되는 허브입니다. 치미추리 소스나 샐러드 드레싱에도 자주 쓰여요. 이탈리안 파슬리는 일반 파슬리보다 쓴맛이 덜하고 향도 연하니 참고하세요.

바질
basil

주로 토마토와 함께 쓰이는 허브로, 쓴맛이 있어 주재료보다는 샐러드, 파스타, 수프 등에 향을 입히는 용도로 많이 활용해요. 페스토의 단골 재료이기도 해요.

고수
cilantro

샐러드나 커리와 궁합이 좋아요. 맛과 향에 대한 호불호가 강한 재료이기 때문에 각자의 취향을 먼저 확인해 주세요. 항산화 성분이 많아 염증을 줄이는 데도 좋은 허브입니다.

로즈메리
rosemary

지중해 지역에서 자라는 로즈메리는 항산화 물질이 풍부하며 맛과 풍미가 좋아 여러 요리에 활용할 수 있습니다. 고기, 생선, 채소, 스튜, 수프, 소스, 빵 등 다양한 요리에 향긋한 향과 맛을 더하고, 양념이나 허브 버터로도 많이 사용합니다.

추천 시즈닝

커리 가루
curry powder

코리엔더, 강황, 커민, 생강, 머스터드 씨, 카옌페퍼 등이 섞인 시즈닝입니다. 매운맛이 너무 강하게 느껴진다면 카옌페퍼를 제외한 나머지 재료를 직접 블렌딩해 시즈닝을 만들 수도 있어요. 밀가루, 설탕, 첨가물이 많이 포함된 시중 카레 가루 대신 활용해 보세요.

이탈리안 시즈닝
Italian seasoning

바질과 오레가노를 베이스로, 타임, 로즈메리, 파슬리 등이 섞인 지중해 요리에 어울리는 시즈닝입니다. 샐러드 드레싱, 피자, 수프, 빵 등 다양한 요리의 향과 풍미를 올리는 데 두루 사용할 수 있어요.

케이준 시즈닝
cajun seasoning

파프리카 가루, 양파 가루, 오레가노, 마늘가루, 타임, 카옌페퍼 등이 블렌딩된 미국 남부 루이지애나 요리에 많이 사용되는 시즈닝입니다. 저는 주로 닭고기나 감자 요리에 활용하곤 합니다.

펌킨 파이 시즈닝
pumpkin pie seasoning

시나몬, 계피, 생강, 넛맥 등이 블렌딩된 펌킨 파이 시즈닝은 베이킹을 할 때 가을의 맛과 향을 입히기 좋은 시즈닝입니다. 라테를 만들거나 단호박, 땅콩 호박을 오븐에 구울 때 첨가하면 궁합이 좋고 근사한 요리를 완성할 수 있어요.

건조 향신료

강황가루
turmeric powder

항염·항암 작용에 좋아 약재로도 사용되는 강황은 쌀밥, 수프, 소스, 양념에 자주 쓰이며 차로 마시기도 합니다. 적은 양으로도 강한 맛을 내므로 소량을 사용하는 것이 좋습니다.

파프리카 가루
paprika powder

저는 달큰한 향을 지닌 빨간 파프리카 가루를 향신료계의 라면 수프라고 부르기도 하는데요. 그만큼 고기나 해산물의 마리네이드 양념이나 드레싱, 소스에 이리저리 활용하기 좋아요.

마늘가루
garlic power

일반 마늘 대용으로 사용 가능하며 요리에 마늘 향을 입히고 싶을 때 유용합니다.

오레가노 가루
oregano powder

지중해 요리에 빠질 수 없는 오레가노는 샐러드, 마리네이드, 럽, 비니그레트에 향기를 더할 뿐 아니라 소화를 돕고 천연 항생제 역할을 하는 건강한 재료입니다.

시나몬 가루
cinnamon powder

계피는 혈당을 낮추는 이점도 있지만, 달큰한 향 덕분에 차나 베이킹, 토스트 등에도 활용할 수 있습니다.

C H A P

T E R ₁

매일매일 집밥을 먹고 싶다면

쉽고 간편한 집밥을 위한 비법

"나는 음식과 요리를 최소한의 분모로 줄여서
가장 간단하고 비용이 적게 드는,
즉 가장 쉽게 준비해서 내놓을 수 있는
식사를 만들고 싶다."

헬렌 니어링   Helen Knothe Nearing

그야말로 집밥을 직접 해 먹을 필요가 없는 시대입니다.

집 앞에 즐비한 식당, 앱으로 간단하게 시킬 수 있는 배달 요리, 조리 방법을 간단하게 만들어주는 레토르트 식품이 매일 우리를 유혹합니다. 이 모든 편리함을 뒤로한 채로 재료를 구입, 손질, 요리해야 하는 번거로운 일을 선택하기란 사실 쉽지 않지요.

실제로 제 인스타그램 팔로워를 대상으로 진행한 설문조사에서도 집밥을 매일 하기 어려운 이유로 다음과 같은 응답이 나왔습니다. 요리할 시간이 없는 것이 가장 많은 표를 얻었고, 요리를 하기에는 일상생활이 이미 피곤하다는 것, 본인의 실력이 모자라 요리를 하기 어렵다는 것, 마지막으로 직접 요리하는 비용이 더 많이 든다는 것이었어요. 어찌 보면 집밥이 어려운 게 당연한 듯합니다.

개인적으로 건강한 집밥을 최대한 즐겁게 챙겨 먹겠다고 굳은 결심을 한 저역시 그 과정이 쉽지만은 않았습니다. 식사마다 메뉴를 고르기도 어려웠고, 몸이 좋지 않거나 피곤한 날에는 외식을 하고 싶은 마음이 굴뚝같았어요. 냉장고 문을 열면 준비되지 않은 재료가 가득한 것을 보고 지레 지쳐 요리를 포기한 날도 있었습니다. 그렇게 하루 이틀 손질을 미뤄둔 채소는 결국 상해서 버려야 하는 상황을 맞이하니, 오히려 집밥에 더 많은 비용이 드는 듯했어요. 그러면서 다시 생각했습니다. "쉽고 간편하게 매일 집밥을 먹을 수 없을까?"

매일 집밥을 먹기 위해서는 가장 기본적인 두 가지 요소가 반드시 충족되어야 합니다. 바로 맛있고, 간편해야 한다는 사실이에요. 그래서 저는 시간이 날 때마다 더 쉽게 집밥을 실천하기 위한 다양한 밑준비와 소리법을 구상했습니다. 그리고 이런 습관들을 통해 더욱 자주 집밥을 즐길 수 있게 되었고요. 지금부터는 매일 집밥을 더 쉽고 간편하게 차릴 수 있는 저만의 다양한 노하우를 소개합니다.

매일 집밥을
차릴 수 있다면?

집밥을 지속하게 만드는 밀프렙

집밥을 차리기까지 가장 큰 장애물 중 하나는 요리를 하는 데 꽤 많은 시간
과 노력이 필요하다는 사실입니다. 라면은 봉지를 뜯어 식탁에 차리기까지
채 5분이 걸리지 않습니다. 이미 1인분을 기준으로 모든 재료가 준비된 상
태이기 때문입니다. 그래서 저는 생각했어요. '집밥도 메뉴에 맞춰 미리 재
료를 준비해 두면 어떨까?' 미리 식사를 계획하고 재료를 준비해 둔다면 재
료를 씻고, 자르고, 다듬는 과정 없이 집밥을 더 쉽게 차릴 수 있겠다는 생
각이었습니다. 같은 재료를 더 다양한 요리에 활용할 수 있어 더욱 알뜰히
사용할 수 있고요!

밀프렙은 '식사'를 뜻하는 밀meal과 '준비하다'의 프렙preparing이 결합된 합
성어로 일정 기간의 식사를 미리 준비해 끼니때마다 꺼내 먹는 개념입니
다. 밀프렙에 대해 누군가는 '시간을 접었다 펴는' 행위라고 설명하기도 했

는데요. 그만큼 밀프렙은 식사 준비 시간을 효율적으로 활용할 수 있는 방법이에요. 처음에는 밀프렙 자체가 부담스럽고 귀찮을 수 있지만 한번 습관을 들이면 마치 매일 세수와 양치를 하듯 자연스러운 일이 될 거예요. 그리고 이 밀프렙을 통해 집밥의 비중을 높일 수 있고, 더 나아가 지속 가능한 건강한 삶의 토대를 닦아나갈 수 있습니다. 지금부터 꾸준한 집밥을 위한 첫 번째 요소 밀프렙에 대해 더 자세히 안내해 드릴게요.

밀프렙#1 미리 씻어 보관하기

재료를 미리 준비하는 일은 생각보다 손이 많이 가는 작업입니다. 채소는 더욱 그래요. 그래서 장을 본 다음 채소를 미리 세척하고, 먹기 좋은 크기로 잘라 보관하면 요리를 하는 시간을 획기적으로 줄일 수 있습니다. 이런 작업으로 채소의 영양소가 파괴될까 봐 우려하는 경우도 있지요. 저는 약간의 영양소가 파괴된다 하더라도 요리의 과정을 쉽게 만들어 집밥을 더 자주 먹는 편이 건강에 더 이롭다고 생각합니다. 완벽한 식단보다는 오래 지

속하는 것이 더 중요하기 때문이에요.

저는 매주 월요일에 장을 보고 한 주 동안 섭취할 재료를 미리 씻어 준비합니다. 이 습관은 일주일 동안 내가 얼마나 채소를 섭취하는지 눈으로 확인할 수 있어 매우 유용하고, 계절과 저의 건강 상태에 따라 채소의 구성을 더 효율적으로 구성할 수 있어요. 봄이 되면 제철 봄나물의 비중을 높이고, 가을이 되면 갓 수확한 뿌리채소나 열매채소를 더 많이 구입하는 식이지요. 반면 1년 내내 꾸준히 자리를 차지하는 채소가 있으니 바로 몸의 항산화 기능을 높여주는 십자화과채소예요. 참고로 모든 채소는 되도록 유기농, 무농약, 친환경 농법으로 길러진 것으로 구매하려 노력합니다.

아래는 밀프렙해 두면 편리한 채소와 관리법을 간단하게 정리한 표입니다. 참고해서 더욱 편리하고 손쉽게 집밥을 지속해 봅시다.

○ 밀프렙용 채소 세척/보관법

채소 종류	밀프렙 세척/보관법
브로콜리, 콜리플라워	• **세척법:** 꽃송이가 아래를 향하도록 뒤집어 불순물이 빠져나가도록 10분 정도 물에 담가둡니다. 이후 꽃송이를 잘라서 식초물(물 1리터:식초 1큰술)에 3분간 담가둔 뒤 흐르는 물에 깨끗이 씻어주세요. • **보관법:** 물기를 제거한 상태로 용기에 담아 보관합니다.
양배추, 방울양배추	• **세척법:** 겉잎 2~3장과 가운데 두꺼운 심지를 제거한 다음 조각조각 자릅니다. 자른 양배추를 1분 정도 물에 담갔다가 흐르는 물에 깨끗이 씻어주세요. • **보관법:** 물기를 제거한 뒤 용기에 넣어 보관합니다. 목적에 따라 채칼로 잘게 썰어두면 샐러드를 만들기에 유용해요.
콩나물, 숙주	• **세척법:** 지저분한 뿌리와 콩껍질을 제거한 뒤 흐르는 물에 깨끗이 씻어주세요. • **보관법:** 보관 용기에 내용물이 충분히 잠길 만큼 물을 부어 냉장 보관합니다. 이틀에 한 번씩 물을 갈아주세요.

상추, 청경채 등 잎채소류	• **세척법:** 2~3분 정도 물에 담갔다가 흐르는 물에 깨끗이 씻어주세요. • **보관법:** 물기를 제거한 뒤 키친타월을 깔아둔 용기에 담아 냉장 보관합니다. 물기를 　제거할 때 채소 탈수기를 사용하면 더욱 효과적이에요.
가지, 당근, 애호박 등 단단한 채소류	• **세척법:** 겉껍질이 상하지 않도록 흐르는 물에서 깨끗이 씻어줍니다. 오이는 흐르는 　물에서 굵은소금으로 치대며 씻어주세요. • **보관법:** 물기를 모두 제거한 뒤 용기에 보관합니다.
파, 쪽파	• **세척법:** 흐르는 물에 깨끗이 씻어주세요. • **보관법:** 물기를 제거하고 잘게 자른 뒤 냉동 보관 용기에 담아 냉동실에 넣어둡니다.
마늘, 생강	• **세척법:** 껍질을 벗긴 뒤 흐르는 물에 깨끗이 씻습니다. • **보관법:** 물기를 제거하고 초퍼로 잘게 다진 뒤 큐브 형태의 용기에 담아 얼린 후 냉동 　보관합니다.

밀프렙#2 **홈메이드 밀키트**

이번에는 금방 조리에 활용할 수 있는 밀키트를 만들어보겠습니다. 미리 씻어 준비해 둔 재료를 메뉴에 맞춰 자르고 손질해 보관 용기에 담아두는 거예요. 된장찌개에 들어가는 재료를 모아둔 '찌개 키트'를 만들거나, 볶음밥용 채소나 자투리 채소를 다져 준비한 '볶음밥 키트' 등 메뉴에 맞춰 무엇이든 준비할 수 있습니다. 식사 전 준비해 둔 '된장찌개 키트'를 물에 끓이기만 하면 요리 완성이니 정말 라면만큼이나 간단해요.

만들어둔 키트를 더 오래 보관하고 싶다면 냉동해 주세요. 이탈리아에서는 요리의 맛과 풍미를 위하여 양파, 당근, 셀러리를 많이 활용하는데 이 재료들을 썰어 혼합한 것을 '미르포아'라고 부릅니다. 저도 이 세 가지 재료를 잘게 썰어 먹을 만큼 덜어낸 '미르포아 키트'를 냉장실이나 냉동실에 두고 수프나 스튜에 활용하곤 합니다. 홈메이드 밀키트를 활용하면 요리를 하는 시간이 획기적으로 줄어드는 경험을 할 수 있을 거예요.

된장찌개 키트   볶음밥 키트   미르포아 키트

밀프렙#3 **마리네이드, 양념옷 입히기**

고기 역시 미리 손질해 양념에 재워두면 간도 더 잘 배고, 풍미가 생길 뿐
아니라 조리 시간도 단축할 수 있습니다. 저는 주로 닭고기를 제가 좋아하
는 허브와 양념으로 마리네이드해서 냉동 보관합니다. 먹기 전날 냉장실로
옮겨 해동만 하면 바로 근사한 메뉴로 활용할 수 있어요. 마찬가지로 불고
기나 제육볶음 등의 메뉴도 미리 양념해 냉동 보관이 가능해요. 치킨 마리
네이드 양념과 활용 레시피는 뒤에서 자세히 소개하였으니 참고해 주세요.

밀프렙#4 **소스와 페이스트 만들기**

다양하게 활용할 수 있는 소스와 페이스트를 미리 만들어두는 것 역시 요
리 단계를 줄일 수 있는 방법입니다. 라구 소스, 소고기 소보로, 당근 우엉
볶음 등이 제가 자주 만드는 것들이에요. 이렇게 미리 소스를 만들어두면
불을 쓰지 않고도 비빔밥이나 볶음밥부터 죽, 주먹밥, 솥밥까지 정말 다양

한 음식을 쉽게 완성할 수 있어요. 반찬의 간을 맞추는 양념으로도 활용할 수 있고, 리조또나 파스타에도 활용할 수 있으니 말 그대로 일석삼조라 할 수 있겠지요. 이 외에도 다양한 페스토와 후무스도 만들어둔 뒤 여러 요리에 활용하곤 합니다.

(밀프렙#5) **만능 육수**

맛있게 끓여둔 육수를 보고 있으면 부자가 된 기분입니다. 주말 아침 30분만 투자하면 정말 다양한 요리에 활용할 수 있어요. 기본적으로 육수는 냉장 보관하며 빠르게 소진하는 편이지만 더 오래 보관하고 싶다면 냉동도 가능해요.

물론 저도 너무 바쁠 때는 첨가물이 없는 시중 육수 팩을 활용하긴 하지만, 그 맛과 만족감은 제가 직접 만든 것을 따라오지 못하더라고요. 만들어둔 육수는 수프를 만들 때 활용하거나 국수, 국, 찌개나 전골 등 다양한 집밥의 지원군으로 활용할 수 있습니다.

다시마 육수	물 2리터 + 다시마 3장(5cm×5cm)
멸치 육수	물 2리터 + 다시마 1장(5cm×5cm) + 무 1/4개 + 멸치 20마리(20~30g) + 대파 1대(15cm)
채소 육수 (채수)	물 3리터 + 다시마 3장(5cm×5cm) + 무 1/5개 + 대파 1/2대 + 마늘 3톨 + 양파 1개 + 표고버섯 5개

위의 표는 제가 자주 만드는 육수의 재료를 소개한 것입니다. 자주 하는 요리나 취향에 맞춰, 냉장고 사정에 따라 다양하게 시도해 보세요. 육수를 만드는 법은 재료와 상관없이 모두 동일합니다.

다시마는 젖은 수건으로 겉면을 닦고, 멸치는 내장을 제거한 뒤 팬에 기름 없이 볶아 잡내를 없앱니다. 모든 재료를 냄비에 넣고 5분간 끓이다가 다시마는 건져내고 20~30분간 더 끓인 뒤 체에 걸러 건더기를 제거하면 완성입니다.

밀프렙#6 제철 재료 김장

제철 재료는 그 자체로 맛이 좋고 영양가도 풍부하지요. 시금치만 하더라도 여름의 것과 제철인 겨울 노지의 것이 얼마나 다른지 느껴보면 깜짝 놀랄 거예요. 저는 이런 제철 재료의 장점을 더 오래 누리고 싶어 미리 손질해 오래 보관할 수 있는, 이른바 '재료 김장'을 하곤 합니다. 너무 긴 시간 보관하는 건 무리겠지만 그래도 더 장기간 제철의 장점을 누릴 수 있으니 한번 시도해 보세요.

김장 재료	시기	냉동 보관법	용도
레몬	12~1월	깨끗이 씻은 레몬을 얇게 썰어 보관 용기에 차곡차곡 담거나, 껍질째 다지거나 즙을 낸 뒤 얼음 틀에 담아 보관합니다. 최대 8개월 보관 가능합니다.	양념, 차, 스무디 및 베이킹 등
시금치	2월	간단히 데친 뒤 물기를 조금 머금은 상태에서 한 번에 먹을 만큼 소분해 냉동 보관합니다. 최대 3~6개월 보관 가능합니다.	나물, 스무디, 스프 및 기타 시금치 활용 요리
딸기	4월	깨끗이 씻은 뒤 꼭지를 제거하고 수분을 제거해 냉동 보관합니다. 최대 3개월 보관 가능합니다.	스무디, 베이킹 등

블루베리, 산딸기	7~8월	깨끗이 씻은 뒤 수분을 제거해 냉동 보관합니다. 최대 3개월 보관 가능합니다.	스무디, 베이킹 등
고추	7~8월	깨끗이 씻은 고추를 다져 얼음 틀에 넣어 보관하고, 꽈리고추는 통째로 얼려 보관합니다. 최대 6개월 보관 가능합니다.	양념 및 요리 재료 등

고추 김장

딸기 김장

레몬 김장

집밥이
더 간편할 수 있다면?

집밥을 편리하게 만드는 조리법

집밥은 매일 함께하는 일상이기에 만드는 과정이 너무 복잡하거나, 지나치게 많은 재료가 필요하거나, 구하기 어려운 주방기기가 필요하거나, 조리에 시간이 너무 오래 걸리면 안 돼요. 그러면 집밥을 꾸준히 지속하는 데 큰 걸림돌이 됩니다. 특히 한식은 국과 다양한 반찬을 함께 먹는 형태라 조리가 복잡해지면 집밥을 차리는 것이 더더욱 힘들어져요. 저 역시 맛있고 다양한 반찬이 포함된 식사를 만들겠다고 1시간이 넘도록 요리를 하고, 또 식사 후 쌓여 있는 설거지까지 마치고 나니, 다음 날에는 꼼짝도 하기 싫어 배달 음식을 시켜 먹은 경험이 있습니다. 매일의 집밥이 즐거우려면 더 간단하고 쉽게 만들 수 있는 요리를 해야겠다고 다시 한번 깨달은 순간이었습니다. 요리 연구가 히야마 다미는 음식을 할 때 과도한 노력을 스스로에게 요구하면 요리를 해준다는 기분이 들어 요리에서 마음이 떠나게 된다고 말하기도 했습니다.

그래서 매일의 집밥을 더 즐겁게 만들기 위해 간편한 조리법을 찾아 나섰습니다. 밥과 반찬을 프라이팬 하나에 넣고 조리하는 원 팬 라이스one-pan rice, 큰 볼에 모든 재료를 넣어 반죽을 만든 뒤 오븐에서 굽기만 하면 되는 원 볼 베이킹one-bowl baking, 하나의 냄비로 여러 종류의 나물 조리를 쪄내는 원 팟 나물one-pot steam, 커다란 쟁반에 각종 재료를 담고 구워내는 원 트레이 베이크one-tray bake, 마지막으로 하나의 컵에 각종 샐러드 재료를 담아 보관하는 원 보틀 샐러드one-bottle salad까지. 모두 조리 시간이 적고 방법도 간단하지만 맛과 모양 또한 훌륭해 집밥이 더 즐거워지는 조리 방식입니다. 지금부터 하나씩 여러분께 소개해 드릴게요.

(원 팬 라이스) **프라이팬 하나로 끝!**

원 팬 라이스는 말 그대로 하나의 프라이팬에 쌀과 여러 가지 재료를 함께 넣어 밥을 짓는 조리법입니다. 프라이팬 하나로 밥과 반찬을 한꺼번에 만

원팬라이스 One pan rice

① 따로 양념장 없이 주재료에서 나오는 육수, 채수, 양념으로 간을 하기

② 밥이보다 고기나 채소의 양을 많이 넣어 정제 탄수 양을 조절하기

채소	고기	쌀

양념 / 오일

③ 레시피에 얽매이기 보다 원하는 재료를 응용해서 DIY 메뉴로 만들기

들 수 있기 때문에 볶음밥이나 비빔밥보다 조리 과정이 훨씬 더 간소해요. 팬 하나로 모든 요리가 완성되니 조리 도구나 설거짓거리도 많지 않아 더욱 빠릅니다.

조리법 역시 간단해요. 뚜껑이 있는 프라이팬에 육류, 채소 또는 해산물 등 원하는 재료를 볶다가 쌀을 넣고 한 번 더 볶은 뒤 약불에서 밥이 될 때까지 익혀주면 끝이에요. 솥밥과는 다르게 이미 양념이 되어 있기 때문에 따로 양념장을 만들 필요도 없습니다.

원 팬 라이스의 또 다른 장점은 재료의 양을 조절해 정제 탄수의 양도 조절할 수 있다는 점이에요. 재료의 구성을 상황에 따라 다양하게 조합하면 새로운 요리로 재탄생시킬 수도 있습니다.

(원 트레이 베이크) **올리고 굽기만 하면 완성!**

원 트레이 베이크는 오븐용 쟁반(트레이) 위에 모든 재료를 올리고 오븐에 구워 완성하는 요리입니다. 간단히 채소만을 구울 수도 있고, 고기나 생선을 함께 구울 수도 있어요. 일단 재료를 손질해 오븐에 넣어두기만 하면 완성된 것이나 다름없으니 정말 여유로운 조리법입니다.

원 트레이 베이킹에서 유의할 점은 같은 시간, 같은 온도에서 동일하게 익는 재료로 잘 조합해야 한다는 거예요. 포함된 재료의 익는 시간이 모두 다르면 덜 익은 채 요리가 완성되거나 혹은 너무 타버릴 수도 있습니다. 저는 오븐용 쟁반으로 스테인리스 제품을 쓰는데요. 코팅의 유해함이 없다는 것이 스테인리스 제품의 가장 큰 장점입니다. 다만 고온 조리이기 때문에 당독소가 발생할 수 있어 빈도를 조절해 주세요.

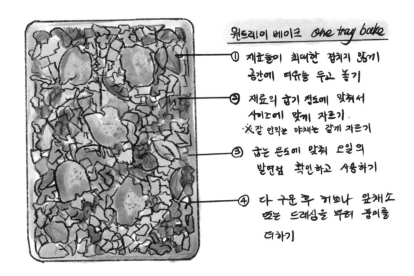

원트레이 베이크 *one tray bake*

① 재료들이 최대한 겹치지 않게
공간에 여유를 두고 놓기

② 재료의 굽기 정도에 맞춰서
사이즈에 맞게 자르기.
※갈 안익는 야채는 얇게 자르기

③ 굽는 온도에 맞춰 오일의
발연점 확인하고 사용하기

④ 다 구운 후 키보나 앞채소
또는 드레싱을 넣어 풍미를
더하기

(원 팟 스팀) **갖가지 나물을 한 번에**

비빔밥은 영양도 풍부하고 맛도 좋은 메뉴지만 갖가지 나물을 요리하는 일
이 결코 간단치 않지요. 여러 나물을 손질해 데치고 양념하는 일이 무척 번
거로워요. 하지만 원 팟 스팀법을 활용하면 여러 종류의 나물을 하나의 냄
비로 한 번에 요리할 수 있어요. 저수분 찜 원리를 활용한 것으로 저희 엄마
의 노하우이기도 합니다.

예열된 냄비에 당근, 무, 애호박 같은 두께감이 있는 재료를 넣고 찌다가, 조
리 시간이 짧은 잎채소를 추가한 뒤 한 번 더 찌기만 하면 끝이에요. 양념도
함께 넣고 찌기 때문에 따로 양념하거나 간을 맞출 필요가 없습니다. 다양
한 나물을 쉽고 빠르게 만드는 데 이만한 조리법도 없겠지요. 나물뿐 아니
라 채소찜도 똑같은 조리 방식이니 여러 요리에 다양하게 활용해 보세요.

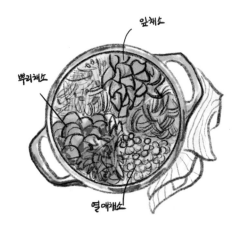

앞채소

뿌리채소

열매채소

원팟 나물 *One pot steam*

① 저온으로 조리해서 재료가
　타지 않게 하기

② 열매채소, 앞채소, 뿌리채소
　등으로 구분하여 균형있게 익히기

③ 뚜껑을 꼭 닫아서 수분손실을
　최소화 하기.

(원 볼 베이킹) **복잡한 디저트도 간단히 뚝딱**

저는 유제품 알레르기가 있는 아들 덕분에 베이킹을 시작했습니다. 그러면서 이왕 내 손으로 만드는 빵이니 밀가루 사용도 줄이고 싶어 글루텐 프리 베이킹에 대해서 공부하기 시작했어요. 내 몸에 맞추어 베이킹을 계획하고 먹는 양과 빈도를 조절하면 빵도 조금 더 건강하게 먹을 수 있다는 것을 알게 되었습니다.

그런데 사실 기껏 마음을 먹고 홈베이킹을 시작해도 다양한 장비를 갖춰야만 하는 경우가 태반입니다. 그래서 저는 간단하고 빠르게 만들 수 있는 원 볼 베이킹에 집중했습니다. 원 볼 베이킹은 커다란 볼에 모든 재료를 넣어 반죽을 만들고 굽기만 하면 완성이니 복잡한 계량법이나 많은 도구 없이도 얼마든지 특별한 날을 위한, 또는 따뜻한 아침을 위한 여러 가지 빵을 만들 수 있어요. 게다가 제철 채소와 과일을 이용해 더 건강한 빵도 즐길 수 있습니다. 사 먹기보다 원 볼 베이킹을 도전하길 추천드려요.

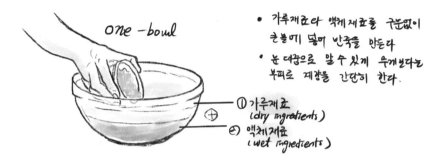

원블 베이킹 (*One-bowl Baking*)

one -bowl

- 가루재료와 액체재료를 구분없이 큰볼에 넣어 반죽를 만든다.
- 눈 대중으로 알 수 있게 무게보다도 부피로 계량을 간단히 한다.

① 가루재료 (dry ingredients)

② 액체재료 (wet ingredients)

(원 보틀 샐러드) **그릇에 붓기만 하면 건강한 한 끼**

최근 SNS를 통해 많이 알려진 원 보틀 샐러드는 밀프렙에 특히 안성맞춤인 메뉴예요. 잎채소, 통곡물, 콩, 드레싱을 길다란 병에 차곡차곡 담아 냉장고에 넣어두었다가, 다음 날 접시에 뒤집기만 하면 샐러드가 완성되거든요.

저는 원 보틀 샐러드를 콜드 샐러드와 웜 샐러드, 두 가지 버전으로 만들어

샐러드 접시에 거꾸로 붓기 ↑

가벼운 잎채소
익힌콩
단단한 채소
드레싱

무게 +

COLD SALAD

후라이팬에 거꾸로 붓기 ↑

잎채소
열매채소등
양파나 다진마늘
올리브오일 (선택)*

WARM SALAD

먹습니다. 콜드 샐러드는 생채소를 드레싱과 함께 그대로 먹을 수 있는 형태로, 밀프렙을 할 때는 드레싱을 가장 아래에 깔고 무게감 있는 재료부터 쌓아 올립니다. 오이나 방울토마토, 양파 등과 같이 드레싱과 직접 닿아도 쉽게 흐물흐물해지지 않는 재료를 활용하고, 잎채소를 맨 위에 올리면 더욱 아삭하고 신선한 샐러드를 즐길 수 있어요.

웜 샐러드는 미리 병에 밀프렙한 재료를 프라이팬에 부어 익혀 먹는 방식이에요. 제가 제일 좋아하는 조합은 브로콜리, 방울양배추, 시금치, 양파, 다진 마늘로 구성된 샐러드로, 모든 재료를 따뜻하게 볶기만 하면 건강한 한 끼 완성이에요.

매일 집밥을 위한
홀썸 팁

집밥을 일상으로 만드는 사이드킥

집밥을 꾸준히 만들기 위해서는 간편하고 맛이 좋아야 하지요. 저도 집밥을 만들며 이 두 가지 요소를 가장 많이 고민했습니다. 앞서 설명한 '밀프렙'이나 '단순한 조리 과정'이 매일의 집밥을 위한 가장 큰 줄기지만, 이 외에도 집밥을 더 간편하게 만드는 저만의 팁을 공유합니다.

• 조리 도구의 도움을 받자

건강한 집밥을 위해 비싸고 거창한 조리 도구가 필요한 것은 아니지만, 주방 도구에 현명하게 투자하는 것은 집밥을 더 쉽고 간편하게 해주는 방법임이 분명합니다. 조리법에 따라 적절한 조리 도구를 활용하면 주방에서 보내는 시간을 줄이고 집밥 맛을 한층 더 높일 수 있거든요. 제가 자주 사용하는 추천 제품은 23쪽 〈홀썸 조리 도구〉에 소개해 두었으니 참고해 주세요.

• 한 번 요리해 두 번 먹기

요리는 시간을 투자해야 결과물을 얻을 수 있는 행위입니다. 이처럼 소중한 시간과 노력이 들어가는 요리이기에 저는 한 번 요리를 할 때 두 끼로 나누어 먹을 만큼 넉넉한 양을 만들어요. 아침 메뉴를 점심에도 활용하거나, 전날 저녁에 푸짐하게 만든 음식을 다음 날 점심 도시락으로 활용하는 식이지요. 그러면 끼니 걱정을 훨씬 줄일 수 있어요. 남은 음식을 그대로 먹어도 좋지만, 볶음밥이나 덮밥으로 만들면 완전히 다른 메뉴를 새롭게 즐길 수 있습니다.

• 건강한 가공식품 활용하기

최대한 자연 그대로인 홀푸드를 활용하는 것이 저의 원칙이지만, 상황이 여의치 않을 때도 있어요. 재료를 다듬고 손질하는 데 너무 많은 시간과 노력이 필요할 수도 있고요. 그래서 저는 집밥을 더 오래 지속하고자 건강한 가공식품을 선별해 요리에 활용합니다.

제가 말하는 건강한 가공식품이란 화학첨가물이 포함되지 않은, 최소한의 원재료로 만든 제품입니다. 미리 익혀 병에 담아둔 콩이나, 100% 토마토를 활용한 페이스트, 미리 잘라둔 냉동 야채 등이 그 예지요. 또 해산물은 손질이 복잡하고 어렵기 때문에 손질된 냉동 가공 제품도 종종 구매합니다. 제가 자주 활용하는 건강한 가공식품은 26쪽 〈홀썸 팬트리〉에 소개해 두었으니 참고하세요.

• 미리 식사를 계획하기

식사계획을 미리 세워두는 것만으로도 식재료 낭비를 줄일 수 있고, 집밥을 꾸준히 이어나갈 수 있는 원동력이 됩니다. 주기적으로 냉장고의 식재료를 확인하고 요일별로 가능한 요리가 무엇인지, 또 메뉴에 따라 할 수 있는 밀프렙이 무엇인지 메모하며 식사를 계획해 보세요. 머릿속에 떠오르는 대로 즉흥적으로 요리하는 것보다 더 계획적으로 재료를 활용하기 때문에 경제적이고, 미리 준비해 두니 요리 속도도 더 빨라집니다. 무엇을 먹을까 고민하는 시간을 획기적으로 줄일 수도 있어요.

● 루틴은 집밥의 구세주

매일 양치를 하고 세수를 하고 머리를 빗듯, 집밥 역시 매일 해야 하는 일이라는 마인드셋을 장착하세요. 그렇게 집밥을 일상의 루틴 중 하나로 만들면 매우 자연스럽게 집밥을 실천할 수 있습니다. 가령 매주 월요일은 장을 보고, 주말에는 자주 먹는 소스, 샐러드나 수프를 만드는 날로 정하는 등 나만의 규칙을 만드는 거예요.

저는 나물이 많이 나는 봄에는 매주 월요일마다 나물을 요리해 일주일 동안 다양한 요리에 활용합니다. 일요일 저녁에는 장을 본 다음, 채소를 미리 손질하고 세척해 채소 박스에 정리해요. 원 트레이 베이크 방식으로 만든 수프를 소분해 냉동 보관하기도 하고요. 생각할 틈 없이 정해진 일정에 따라 습관처럼 일을 하다 보면 어느 순간 별다른 고민이나 부담도 적은 매일의 집밥을 해내고 있는 나를 발견할 수 있을 거예요.

● 건강하고 소박한 집밥을 만들자

SNS를 보고 있자면 유행하는 간식이나 멋진 음식을 뚝딱 만드는 모습이 자주 등장합니다. 물론 가끔은 그렇게 화려한 한 상을 차릴 수 있겠지요. 하지만 매일의 집밥이 그러할 수도, 또 그렇게 해야 할 필요도 없습니다. 집밥은 기본적으로 소박하고 소화가 잘되며, 하루를 이겨내는 에너지를 공급하는 음식이어야 합니다. 마치 긴 여행에서 돌아올 즈음 소박한 집밥이 그리워지는 것처럼 말이에요.

무조건 맛있는 집밥을 해야 한다는 강박을 내려놓으세요. 대신 가족들과 나에게 편안함을 선사하는 음식으로 식탁을 구성해 봅시다. 집밥이 말 그대로 나의 컴포트 푸드comfort food가 되어줄 수 있을 거예요.

미국의 시인 헨리 데이비드 소로는 이렇게 말했습니다. "단순하라. 하루에 세 끼를 먹을 필요가 없다면 한 끼만 먹자. 수백 가지 요리 대신 다섯 가지만 먹자. 다른 것도 그렇게 줄이자." 집밥이 부담스럽다고 느낄 때 가끔씩 이 말을 되새겨 보는 것은 어떨까요?

운동해라, 명상해라, 채식해라 등 건강을 위한 다양한 조언이 있지요.

하지만 아무도 부엌에서 요리를 직접 더 많이 하라고 말하지는 않는 듯해요.

하지만 저는 부엌에 더 많이 설수록 더 건강해진다고 생각합니다.

매일 집밥을 하기 위해서는 가장 기본적인 두 가지 요소가
반드시 충족되어야 한다는 것을 깨달았습니다.

바로 맛있고, 간편해야 한다는 사실을요.

홈메이드 햇반

밀프렙

식사를 준비할 때 밥통에 밥이 없으면 참 당황스럽지요. 그래서 부랴부랴 배달을 시키거나 즉석밥을 활용할 때도 있어요. 하지만 홈메이드 햇반이 있다면 더 건강하고 편리한 방법으로 해결할 수 있습니다. 일주일에 한 번 냄비로 밥을 짓고 보관 용기에 담아 냉장·냉동 보관하세요. 준비해 둔 햇반을 냉장고에서 꺼내 데우기만 하면 갓 지은 밥만큼 맛 좋은 식사를 즐길 수 있습니다.

재료

백미 2컵
생수 1.8컵~2컵

만드는 법

1. 백미는 흐르는 물에 여러 번 씻는다. 씻은 쌀은 20분간 물에 불린다.
2. 냄비에 백미와 준비한 생수를 넣고 물이 끓을 때까지 강불로 끓인다.
3. 물이 끓으면 불의 세기를 약불로 줄이고 뚜껑을 닫아 15~20분 정도 익힌 뒤, 불을 끄고 5분 정도 뜸을 들여 밥을 완성한다.
4. 1인분씩 보관 용기에 담아 냉장 또는 냉동 보관한다.

흘썸팁

- ⊘ 쌀은 첫 물을 가장 많이 흡수하기 때문에 처음 씻을 때는 정수물을 추천합니다.
- ⊘ 보관 용기에 밥을 덜 때 밥 양을 조절해 소량으로 소분하면 과식을 방지할 수 있고 정제 탄수화물의 섭취량도 조절할 수 있어요.
- ⊘ 밥을 12시간 이상 냉장 보관한 뒤 데워 먹으면 저항성 전분이 생겨 혈당 자극을 줄일 수 있습니다.
- ⊘ 현미,수수, 귀리, 콩 등 다양한 잡곡을 활용해 보세요. 단, 곡물의 특성을 잘 파악한 뒤 조리 시간을 조절해야 합니다. 현미의 경우 12시간 이상 물에 불리고, 밥 짓는 시간과 뜸 들이는 시간 역시 백미보다 길어야 해요.

밀프렙

베지라이스

밥을 대신해 탄수화물 섭취량을 조절할 수 있는 베지라이스입니다. 이 역시 미리 만들어 밀프렙해 두면 언제든 더 건강한 밥상을 쉽게 차릴 수 있어요. 베지라이스에 활용하는 채소는 적당히 단단하지만, 향이나 맛이 너무 강하지 않고 포만감을 줄 수 있는 것이 적합해요. 저는 브로콜리와 콜리플라워를 가장 많이 활용하는데 이번 레시피에서는 브로콜리를 사용했습니다.

재료

브로콜리 1송이

만드는 법

1. 브로콜리는 깨끗하게 씻는다.
2. 브로콜리의 줄기를 따라 꽃송이 부분을 듬성듬성 자른다. 기둥 부분도 비슷한 크기로 잘라 준비한다.
3. 초퍼나 푸드 프로세서에 손질한 브로콜리를 넣고 쌀알 크기로 간다.
4. 간 브로콜리를 한 번에 먹을 만큼 소분해 보관 용기에 넣고 냉장 또는 냉동 보관한다.

홀썸팁

- 예열한 프라이팬에 올리브오일을 두르고 브로콜리가 부드럽게 익을 때까지 익히면 완성입니다.
- 브로콜리의 기둥에도 영양소가 풍부하니 버리지 말고 모두 활용하세요.
- 냉장은 3~4일, 냉동은 한 달까지 보관 가능합니다.
- 콜리플라워도 브로콜리와 동일한 방식으로 만들어 베지라이스로 활용할 수 있습니다.
- 샐러드, 샥슈카, 달걀말이 등 다양한 요리에 활용해 보세요.

밀프렙 퀴노아 / 렌틸 / 병아리콩

퀴노아, 렌틸, 병아리콩은 단백질이 풍부한 식물성 재료로 샐러드, 밥, 범벅, 커리, 수프, 소스 등 다양한 요리에 활용할 수 있어요. 미리 익혀 한 김 식힌 뒤 냉장 보관하면 필요할 때마다 꺼내 쓸 수 있습니다. 덕분에 영양이 가득한 식사를 쉽고 빠르게 완성할 수 있어요.

퀴노아

1. 퀴노아 1컵을 체에 담아 흐르는 물에 씻어 이물질을 걸러낸다.
2. 냄비에 물과 퀴노아를 2:1의 비율로 넣고 물이 끓으면 약불에서 15~20분간 끓여 완성한다.

렌틸

1. 렌틸 1컵을 체에 담아 흐르는 물에 씻어 이물질을 걸러낸다.
2. 냄비에 렌틸과 렌틸이 잠길 정도의 물을 넣고 물이 끓으면 약불로 줄이고 뭉근히 끓여 완성한다.

홀썸팁

- ⊘ 렌틸은 퀴노아와 달리 물의 비율이 정해져 있지 않으니 적당량 넣고 끓여주세요.
- ⊘ 렌틸의 종류에 따라 끓이는 시간이 다르기 때문에 포장지의 지시 방법에 따라 익힙니다.

병아리콩

1. 병아리콩 1컵을 물에 담가 냉장고에서 12시간 정도 충분히 불린다.
2. 불린 병아리콩을 물에 헹군 뒤, 냄비에 병아리콩과 병아리콩이 잠길 정도의 물을 넣고 중강불에서 20~25분간 끓인다. 거품이 올라오면 숟가락으로 걷어내고, 물이 너무 졸아들면 조금씩 추가한다.

홀썸팁

- ⊘ 병아리콩을 너무 오래 삶으면 비린내가 날 수 있으니 주의하세요.
- ⊘ 전기밥솥이나 압력솥에 삶아도 좋습니다.

Red
Marinade 3/5

Yellow
Marinade 3/5

Black
Marinade 3/5

Fresh
Marinade 3/5

치킨 마리네이드 4종

닭가슴살이나 닭정육은 양념과 함께 버무려 냉동 보관이 가능합니다. 요리 전날 냉장실로 옮겨 해동해 두면 매우 유용하게 활용할 수 있어요. 마리네이드 레시피는 정말로 다양하지만, 제가 제일 자주 활용하는 네 가지를 소개합니다. 모두 무항생제 닭가슴살 400g 기준으로 계량했어요.

블랙 마리네이드

재료

한식간장 1큰술
생강청 또는 생강즙 1/3작은술
다진 마늘 1작은술

옐로 마리네이드

재료

커리 가루 1큰술
올리브오일 2~3큰술
다진 마늘 1작은술
소금 조금

레드 마리네이드

재료

파프리카 가루 2/3 큰술
올리브오일 2~3큰술
다진 마늘 1작은술
소금 조금
강황가루 1/8작은술(선택)

산뜻 마리네이드

재료

이탈리안 시즈닝 1작은술
발사믹식초 1큰술
디종 머스터드 1작은술
올리브오일 3큰술
유기농 레몬즙 1/2큰술
다진 마늘 1작은술
소금 조금

만드는 법

1. 큰 볼에 닭가슴살 400g과 원하는 마리네이드 양념 재료를 모두 넣고 잘 버무린다.
2. 잘 양념된 닭고기를 한 번 먹을 만큼 소분해 용기에 넣고 냉장 또는 냉동 보관한다.

홀썸팁

⊘ 바로 먹을 거라면 적어도 30분, 또는 4시간 정도 양념에 마리네이드해야 더 맛있습니다.

밀프렙 만능 소고기 소보로

'꾸미'라는 말을 들어보셨나요? 꾸미란 경상도에서 찌개나 국에 고명으로 올리는 다진 소고기 간장 볶음을 말합니다. 경상도가 고향인 저희 엄마는 떡국을 끓일 때 만들곤 했는데, 저는 꾸미를 응용해 '소고기 소보로'라는 이름으로 부르며 다양한 요리에 활용하고 있어요. 소고기 소보로는 한 번 만들어두면 일주일 정도 냉장 보관이 가능한데요. 달걀말이, 찌개나 국의 재료, 고명, 볶음, 비빔, 주먹밥 등 다양한 요리에 활용할 수 있습니다.

재료

목초육 다진 소고기 200g
다진 마늘 1작은술
한식간장 1큰술

만드는 법

1. 뚜껑이 있는 작은 냄비에 다진 소고기와 한식간장, 다진 마늘을 넣고 고기에 간이 배도록 섞는다.
2. 뚜껑을 닫고 중약불에서 찌듯이 익히다가 3~4분 뒤 뚜껑을 열어 숟가락으로 뒤적인다.
3. 다시 뚜껑을 덮은 뒤 소고기가 완전히 익을 때까지 5분간 뭉근히 익힌다.
4. 완성된 소고기 소보로를 용기에 담아 냉장 보관한다.

홀썸팁 --

⊘ 소고기는 목초육이나 유기농 한우를 사용하면 건강에 더욱 좋습니다.
⊘ 소고기 소보로를 활용해 요리할 때는 생들기름이나 참기름, 그리고 통깨를 넣어 고소함과 감칠맛을 더해주세요.

소고기 소보로 김밥 / 소고기 소보로 떡볶이

소고기 소보로 김밥

재료

소고기 소보로 2큰술
동물복지 유정란 1~2개
시금치 1줌
백미밥 200ml
김밥용 김 1장
생들기름 1작은술
올리브오일 1작은술
통깨와 소금 조금

만드는 법

1. 큰 볼에 밥과 소금, 생들기름과 깨를 넣고 잘 섞는다.

2. 볼에 달걀을 잘 풀어준 뒤 올리브오일을 두른 프라이팬에 붓고 달걀말이를 만든다. 시금치는 깨끗이 씻은 뒤 끓는 물에 살짝 데친다.

3. 김밥용 김을 깔고 그 위에 준비한 밥을 얇게 펴준 뒤 달걀말이와 소고기 소보로, 시금치를 올려 김밥을 만다.

4. 먹기 좋은 크기로 자르고 접시에 담아 요리를 마무리한다.

홀썸팁

⊘ 백미밥 대신 현미밥을 사용해도 좋아요.

소고기 소보로 떡볶이

재료

소고기 소보로 3큰술
조랭이떡 1컵
미니 새송이버섯 1컵
다진 대파 3큰술
통깨 1작은술
생들기름 1/2큰술
올리브오일 1/2큰술
한식간장 조금

만드는 법

1. 미니 새송이버섯은 반으로 자른다.

2. 예열한 프라이팬에 올리브오일을 두르고 미니 새송이버섯과 다진 대파, 소고기 소보로를 한꺼번에 넣은 뒤 버섯이 부드러워질 때까지 중불에서 볶는다. 물기가 너무 없다면 생수를 조금 추가한다.

3. 프라이팬에 조랭이떡을 넣은 뒤 떡이 말랑해질 때까지 볶는다. 이때 간이 싱거우면 한식간장이나 소고기 소보로를 추가한다.

4. 통깨와 생들기름을 두르고 접시에 옮겨 담아 요리를 마무리한다.

소고기 소보로 주먹밥 / 소고기 소보로 배추볶음

소고기 소보로 주먹밥

재료

소고기 소보로 3큰술
참나물 50g
백미밥 400ml
통깨 1작은술
생들기름이나 참기름 1작은술

만드는 법

1. 참나물은 깨끗이 씻어 데친 후 칼로 잘게 자른다.
2. 큰 볼에 소고기 소보로, 데친 참나물, 밥, 통깨와 생들기름을 넣고 잘 섞는다.
3. 섞은 재료를 한 입 크기로 덜어내고 손바닥으로 굴려 주먹밥을 완성한다.

홀썸팁

⊘ 취향에 따라 다양한 재료를 추가해 나만의 주먹밥을 만들어도 좋습니다.
⊘ 백미밥 대신 현미밥을 사용해도 좋아요.

소고기 소보로 배추볶음

재료

소고기 소보로 3큰술
알배추 작은 것 1개
다진 마늘 1작은술
통깨 1작은술
생들기름 1/2큰술
올리브오일 1큰술
한식간장 조금

만드는 법

1. 알배추는 흐르는 물에 깨끗이 씻은 뒤 먹기 좋은 크기로 듬성듬성 자른다.
2. 예열한 프라이팬에 올리브오일을 누르고 다진 마늘을 넣어 볶다가, 잘라둔 배추와 소고기 소보로를 함께 넣고 한 번 더 볶는다.
3. 배추가 어느 정도 익으면 맛을 보며 한식간장으로 간한다.
4. 통깨와 생들기름을 두르고 접시에 옮겨 담아 요리를 마무리한다.

홀썸팁

⊘ 알배추 외에 브로콜리, 청경채 등 다양한 채소를 함께 볶아 요리를 완성해 보세요.

라페 3종

라페는 제가 주기적으로 만들어놓고 자주 꺼내 먹는 대표적인 밀프렙 메뉴입니다. 채칼을 활용해 채소를 썰기만 하면 완성이라고 할 정도로 매우 쉽고 간단한 메뉴거든요. 라페는 당근 외에도 셀러리, 양배추, 단감, 오이 등 다양한 채소로 만들 수 있으니 좋아하는 채소를 활용해 부담 없이 만들어보세요! 이번 레시피에서는 제가 가장 즐겨 먹는 라페 3종을 모두 소개했습니다.

재료

당근 2컵
양배추 2컵
셀러리 2컵

양념 (라페 1종 기준)

올리브오일 1큰술
애플 사이더 비니거 혹은
사과식초 1큰술
홀그레인 머스터드 1/2작은술
소금 조금
다진 생파슬리 1큰술(선택)
커민 가루 1/8 작은술(선택)

만드는 법

1. 당근과 양배추, 셀러리를 깨끗이 씻고 채칼을 활용해 각 재료를 가늘게 채 썬다.
2. 3개의 큰 볼에 각각의 채 썬 재료를 넣고 라페 양념을 넣은 뒤 골고루 섞는다.
3. 완성된 라페를 보관 용기에 담아 완성한다.

홀썸팁 --

⊘ 식사 전에 라페를 애피타이저로 먹으면 라페에 포함된 식초 덕분에 식욕을 돋울 뿐만 아니라 혈당을 안정적으로 유지하는 데 도움이 될 수 있습니다.

⊘ 단맛을 좋아하지 않는다면 홀그레인 머스터드를 사용하는 대신 커민 가루와 같은 향신료를 적극 활용하세요.

⊘ 라페는 빵에 올려 오픈 샌드위치처럼 먹거나 김밥의 재료로 활용할 수도 있고, 아보카도와 함께 한 그릇 요리에 활용할 수도 있어요. 샐러드에 추가해도 좋습니다.

밀프렙 바질 페스토

페스토는 마늘, 잣, 소금, 허브, 올리브오일 등을 갈아서 만든 소스를 말해요. 바질 잎이 주재료인 경우가 가장 흔하지만, 요즘은 다양한 잎채소를 활용한 새로운 페스토도 많아졌습니다. 페스토 재료의 구성과 비율만 파악하면, 어떤 재료로든 쉽게 만들 수 있습니다.

재료

바질 100g
볶은 견과류 1/4컵
마늘 2톨
올리브오일 120~150ml
유기농 레몬즙 2큰술
소금 조금
그라노파다노 치즈(선택)

만드는 법

1. 준비한 재료를 모두 푸드 프로세서에 넣고 곱게 간다.
2. 완성된 페스토는 용기에 담아 냉장 또는 냉동 보관한다.

흘범팁

⊘ 페스토는 냉장 보관 시 5~7일 안에 소진합니다. 얼음 틀에 담아 큐브 형태로 냉동 보관하면 3개월간 활용 가능합니다.

⊘ 개인적으로 유제품을 먹지 않아 치즈를 사용하지 않지만, 그 대신 견과류의 비중을 높여 고소함을 높이곤 해요. 잣, 호두, 아몬드 등을 다양하게 활용할 수 있습니다. 저는 잣이나 아몬드를 자주 사용합니다.

⊘ 참나물, 열무, 깻잎, 시금치, 미나리 등 다양한 잎채소와 허브로 페스토를 만들 수 있어요.

⊘ 취향에 따라 재료의 양을 조절해 페스토의 점성과 제형, 맛 등을 조절해 나만의 페스토를 만들어보세요.

목초육 라구 소스

라구 소스는 파스타 소스로는 물론이고, 샥슈카, 뇨끼, 피자, 볶음밥, 샐러드의 디핑소스 등 그 활용도가 무궁무진합니다. 다양하게 변신할 수 있는 밀프렙 요리인 만큼 한번 만들어두면 참 든든한 마법의 메뉴이기도 해요.

재료

무항생제 다진 돼지고기 300g
목초육 다진 소고기 300g
당근 1개
셀러리 1대(15cm)
양파 1개
토마토 홀 캔 2개(800g)
토마토 페이스트 3큰술
다진 마늘 2큰술
바질 10g
월계수 잎 2장
오레가노 가루 1작은술
올리브오일 3큰술
화이트와인 1/2컵
소금과 후추 조금

만드는 법

1. 양파와 당근, 셀러리, 바질을 잘게 다진다.
2. 커다란 냄비에 올리브오일을 두르고 다진 양파와 마늘을 넣고 볶다가 양파가 투명해지면 셀러리와 당근을 추가한다. 모든 채소가 부드러워지면 돼지고기와 소고기를 넣고 월계수 잎과 화이트와인을 추가해 고기의 잡내를 날린다.
3. 고기가 거의 다 익을 때쯤 토마토 홀 캔과 토마토 페이스트, 오레가노 가루를 넣고 잘 섞은 뒤 중불에서 30~40분간 끓이면서 졸인다.
4. 잘게 다진 바질을 추가한 뒤 중불에서 5분 더 익힌다.
5. 소금으로 간하고 불을 끈 뒤, 후추를 뿌려 요리를 마무리한다.

홀썸팁

⊘ 바질 대신 말린 바질 가루를 사용해도 괜찮아요. 다만 신선한 생바질의 향과 맛이 훨씬 풍부합니다.
⊘ 재료를 볶을 때 올리브오일 대신 버터를 사용해도 좋습니다.
⊘ 완성된 라구는 5일까지 냉장 보관이 가능합니다. 더 오래 보관하고 싶다면 냉동해 주세요.
⊘ 크리미한 맛을 더하고 싶으면 코코넛 밀크 1컵을 넣어줘도 좋습니다.
⊘ 양송이버섯이나 애호박 등을 추가해도 좋아요.

문어토마토 원 팬 라이스

원 팬 라이스

토마토는 새우나 문어 같은 해산물과 꽤 궁합이 좋은 재료입니다. 방울토마토와 문어를 함께 요리한 이 메뉴는 스페인의 파에야와 비슷한 맛과 식감이 느껴지기도 하고, 감칠맛도 풍부해요. 일반적인 식사 시간에도 어울리는 메뉴지만, 식탁에 내놓은 모습이 무척 근사해 손님을 대접할 때나 특별한 날에 활용하기도 좋습니다.

재료

국내산 자숙 문어 300g
방울토마토 15개
백미 1컵
다진 마늘 1큰술
다진 쪽파 1큰술(토핑용)
한식간장 1/2큰술
올리브오일 3큰술
물 조금
소금과 후추 조금

만드는 법

1. 백미는 흐르는 물에 여러 번 씻은 뒤 10분간 물에 불린다. 방울토마토는 반으로 자른다.

2. 자숙 문어는 토핑용으로 사용할 다리 1개를 따로 빼두고, 나머지는 가로세로 2cm 크기로 잘게 자른다.

3. 예열한 프라이팬에 올리브오일을 두르고 다진 마늘을 넣어 짧게 볶다가 손질한 방울토마토를 추가한 뒤 뚜껑을 닫아 약불에서 2~3분간 익힌다. 토마토가 충분히 익으면 숟가락으로 으깬 뒤 한식간장과 소금으로 간을 하고 잘게 자른 문어와 쌀을 넣어 숟가락으로 저어가며 1~2분간 볶는다.

4. 쌀이 살짝 잠길 정도로 물을 붓고 따로 빼두었던 문어 다리를 올린 뒤 뚜껑을 덮어 30초간 강불에서 끓이다가 약불로 줄여 15~20분간 익힌다. 불을 끄고 5분간 뜸을 들인다.

5. 뚜껑을 열고 준비해 둔 토핑용 쪽파를 뿌려 요리를 마무리한다.

홀썸팁

⊘ 방울토마토 대신 일반 토마토를 사용해도 좋으나 단맛이 떨어질 수 있으니, 가급적 방울토마토를 사용합니다.

⊘ 이 요리는 고슬고슬한 식감이 매력입니다. 그러니 너무 물이 많아 질어지지 않도록 주의합니다.

꽃게 원 팬 라이스

알이 가득한 암꽃게가 주재료인 원 팬 라이스입니다. 생물을 사용할 수도 있지만, 손질된 제품이나 냉동 제품을 사용하면 번거롭지 않고 조리 시간을 단축할 수 있어서 더욱 편리해요. 꽃게에서 나오는 감칠맛 넘치는 육수가 모든 재료를 맛있게 변신시켜 줍니다.

재료

국산 손질 꽃게 800g(3~4마리)
백미 1컵
유기농 파프리카 1개
양파 1/3개
다진 쪽파 1큰술(토핑용)
다진 마늘 1작은술
파프리카 가루 2/3작은술
마늘가루 1/2큰술
올리브오일 3큰술
한식간장 1/2작은술
소금 조금

만드는 법

1. 백미는 흐르는 물에 여러 번 씻은 뒤 10분 간 물에 불린다. 파프리카와 양파는 가로세로 1cm 크기로 썬다.

2. 손질 꽃게를 흐르는 물에 깨끗이 씻은 뒤, 전체 꽃게 중 절반은 살만 발라내고 나머지 절반은 그대로 남겨둔다. 살을 바른 꽃게의 껍데기는 버린다.

3. 예열한 프라이팬에 올리브오일을 두르고 살을 바르지 않은 꽃게를 팬에 올린 뒤 뚜껑을 닫아 육수가 우러나도록 중약불에서 3~4분간 익힌 뒤 건져낸다.

4. 프라이팬에 다진 마늘, 손질한 파프리카와 양파, 발라낸 꽃게 속살을 넣고 가볍게 볶다가, 파프리카 가루, 마늘가루, 소금과 한식간장을 넣어 간한다.

5. 프라이팬에 불려둔 쌀을 추가해 살짝 볶다가 쌀이 살짝 잠길 정도로 물을 넣고, 따로 빼두었던 꽃게를 올린 뒤 뚜껑을 덮어 약불에서 15~20분간 익힌다. 불을 끄고 5분간 뜸을 들인다.

6. 뚜껑을 열고 토핑용으로 다져두었던 쪽파를 뿌려 요리를 마무리한다.

홀썸팁

⊘ 해산물을 활용할 때는 방사능 수치 검사를 완료한 안전한 식재료를 고르는 것이 좋습니다. 저는 한살림의 냉동 손질 꽃게를 종종 사용해요.

⊘ 꽃게가 없다면 모듬 해물을 사용해도 좋습니다. 새우, 오징어, 홍합, 관자 등 영양이 풍부한 제철 해산물을 활용해 보세요.

원 트레이 베이크 # 치킨 딜 감자구이

이번 요리는 준비해 둔 재료를 모두 트레이에 올리고 오븐에 넣기만 하면 나머지는 다 오븐이 완성해 주는, 정말로 간단하지만 맛은 뛰어난 원 트레이 베이크 레시피입니다. 완성된 모양도 예뻐서 손님 접대용으로도 좋아요.

재료

무항생제 또는
유기농 닭정육 500g
국내산 감자 3개
방울토마토 8~10알
방울양배추 5~6알
적양파 1/2개
건조 딜 가루 1/2큰술
올리브오일 3큰술
소금과 후추 조금

양념

치미추리 소스(172쪽 참고)

만드는 법

1. 감자는 한 입 크기로 자른다. 적양파는 길쭉하게 채 썰고, 방울토마토와 방울양배추는 반으로 자른다.

2. 큰 볼에 닭정육과 감자를 넣고 올리브오일, 딜, 소금을 넣고 버무려 10분간 재워둔다.

3. 오븐용 트레이에 재워둔 재료를 서로 겹치지 않게 골고루 올린다. 이때 닭고기의 껍질이 위를 향하도록 둔다.

4. 200도로 예열한 오븐에서 20분간 굽는다. 재료를 한 번 뒤집은 다음 15분간 더 익힌다.

5. 닭고기가 노릇하게 익으면 트레이를 꺼내 미리 준비해 둔 치미추리 소스를 뿌려 요리를 완성한다.

홈썸팁

⊘ 오븐마다 출력이 다르니 닭고기가 충분히 익을 수 있도록 조리 시간을 조절하세요.
⊘ 완성된 요리는 그대로 먹어도 맛이 좋지만, 치미추리 소스와 함께 먹으면 더욱 특별한 맛을 경험할 수 있습니다.
⊘ 타임이나 로즈메리를 올려 함께 구우면 고기의 잡내를 제거할 수 있습니다.

무지개 모둠채소구이

채소를 오븐에 구우면 단맛이 올라오고 맛과 식감 모두 진해져서 매력적이지요. 색다른 채식 식단을 하고 싶다면 다듬어둔 채소에 허브 가루와 올리브오일만 뿌려 오븐에 구워보세요. 다양한 색상의 채소를 먹는다는 것은 다양한 파이토케미컬을 섭취할 수 있다는 의미이기도 합니다. 맛있게 구워진 무지개색 채소를 커다란 볼에 담고 좋아하는 드레싱을 뿌리면 색다른 웜 샐러드를 맛볼 수 있습니다.

재료

방울토마토 10~15개
방울양배추 10~15개
유기농 파프리카 1개
당근 1/2개
콜리플라워 1/4개
브라운 양송이버섯 8~10개
적양배추 1/4개
오레가노 가루 1작은술
마늘가루 1작은술
올리브오일 2~3큰술
소금과 후추 조금

드레싱

발사믹 비니그레트(172쪽 참고)

만드는 법

1. 채소를 모두 깨끗이 씻은 뒤 한 입 크기로 자른다.
2. 오븐용 트레이에 채소가 겹치지 않도록 펼쳐 담은 뒤 올리브오일, 오레가노 가루, 마늘가루, 소금을 뿌려 골고루 버무린다.
3. 190도로 예열한 오븐에 넣어 20분간 굽는다.
4. 오븐에서 꺼내 5분 정도 식힌 뒤 발사믹 비니그레트를 뿌려 요리를 마무리한다.

홀썸팁

- ⊘ 루콜라, 어린잎 등 좋아하는 잎채소를 곁들여 샐러드로 완성해 보세요. 좋아하는 드레싱을 곁들여도 좋습니다.
- ⊘ 타임이나 로즈메리 1~2잎을 올려 함께 구우면 더 향긋한 채소구이를 맛볼 수 있어요.

원 팟 오색나물

원 팟 나물

비빔밥은 각종 나물을 모두 따로 만들기 때문에 쉬운 메뉴가 아니지요. 하지만 이 레시피는 채소를 잎채소와 뿌리채소 두 종류로 나눠 시간차를 두고 한 냄비에 넣고 찌는 방식이라 훨씬 간단합니다. 양념도 한 번에 뿌리기 때문에 따로 간할 필요가 없다는 점도 포인트예요.

재료

잎채소
유기농 시금치, 알배추, 숙주,
콩나물 등 1컵

열매·뿌리채소
애호박, 당근, 무, 쥬키니 1컵

양념
다진 마늘 1작은술
한식간장 1큰술
생수 1큰술

만드는 법

1. 모든 채소는 깨끗이 씻은 뒤 콩나물, 숙주, 시금치를 제외하고 모두 길게 잘라 준비한다.

2. 작은 볼에 양념 재료를 모두 넣고 섞어 양념장을 만든다.

3. 바닥의 넓이가 20cm 정도 되고 뚜껑이 있는 전골 냄비에 손질한 열매·뿌리채소를 넣고 양념장의 2/3를 부은 뒤 뚜껑을 닫고 중약불에서 6분간 익힌다.

4. 나머지 잎채소를 냄비에 넣고 남은 양념을 부은 뒤 뚜껑을 닫아 2~3분간 더 익히다가, 뚜껑을 열어 양념장이 잘 섞이도록 뒤적인다. 마지막으로 다시 뚜껑을 닫고 2분간 더 익힌다(총 가열 시간 10분).

5. 나물이 모두 익으면 불을 끄고 생들기름과 깨를 뿌려 요리를 마무리한다.

홀썸팁 ··

☑ 완성된 나물로 비빔밥을 만들어 먹어도 좋습니다. 기호에 따라 달걀프라이를 올리거나 고추장 등을 넣어 비벼 먹어도 좋아요. 소고기 소보로(74쪽 참고)를 올려 먹어도 좋습니다.

아몬드 응원 쿠키

저는 가끔 기분이 다운될 때 저를 위한 응원의 의미로 원 볼 베이킹을 하곤 합니다. 좋아하는 허브차와 곁들여 먹으면 고소한 아몬드 쿠키가 마치 저를 응원해 주는 것 같거든요. 이 쿠키는 아몬드 가루를 사용하기 때문에 탄수화물 비중이 낮고, 5분 만에 반죽이 완성되니 정말 간단하고 빠르게 만들 수 있어요.

재료

껍질을 벗긴 아몬드 가루 2컵
현미가루 3큰술
동물복지 유정란 1개
베이킹파우더 1작은술
비정제 설탕 2~3큰술
다진 아몬드 1~2큰술(선택)

만드는 법

1. 큰 볼에 준비한 재료를 모두 넣고 손으로 잘 섞어가며 반죽을 치댄다.
2. 반죽을 유산지에 올리고 긴 원통형, 또는 벽돌 모양으로 만든 뒤 1cm 두께로 잘라 쿠키 모양을 만들어 트레이에 겹치지 않도록 올린다.
3. 170도로 예열된 오븐에 20~25분간 굽는다.
4. 식힘망에 올려 5분 정도 식혀 요리를 완성한다.

홀썸팁

⊘ 바삭한 쿠키의 식감을 살리기 위해 반죽을 자를 때 최대한 얇게 잘라주세요.
⊘ 반죽이 잘 잘리지 않는다면 냉장실이나 냉동실에 10분 정도 반죽을 넣어 단단하게 만든 뒤 자릅니다.
⊘ 설탕의 양은 건강 상태에 따라 가감해 주세요.
⊘ 다진 아몬드 대신 초콜릿칩이나 말린 과일 등을 넣어 다양한 맛의 쿠키를 만들 수 있습니다.
⊘ 아몬드 가루로 베이킹을 하면 얼마나 많은 아몬드를 섭취하는지 알 수 없는 경우가 많아요. 그렇기 때문에 많은 양을 한 번에 먹기보다 소량씩 먹는 것을 추천합니다.

원 보틀 샐러드

지중해 샐러드

신선한 재료로 만든 이 샐러드는 만들기도 간편할 뿐만 아니라, 영양적으로도 훌륭해 자주 만들어 먹는 메뉴입니다. 밀프렙해 둔 원 보틀 샐러드를 거꾸로 담아 내기만 하면 근사한 식사가 완성돼요. 일주일에 2~3개씩 만들어두고 한 끼 식사로, 메인 요리에 곁들여 먹기도 합니다.

재료

오이 1/2개
방울토마토 7개
적양파 1/6개
국산 non-gmo 옥수수
병조림 1/4컵
블랙올리브 1/4컵
익힌 병아리콩 1/2컵(70쪽 참고)
잎채소 1줌

드레싱

발사믹 비니그레트(172쪽 참고)

만드는 법

1. 오이와 방울토마토, 잎채소를 깨끗이 씻은 뒤 물기를 제거한다.
2. 오이는 큐브 모양으로 깍둑썰기하고 방울토마토는 반으로 자른다. 적양파는 가늘게 채 썰고 올리브는 4등분으로 얇게 썬다.
3. 깨끗하게 세척한 유리병에 드레싱 - 오이 - 방울토마토 - 적양파 - 병아리콩 - 올리브 - 잎채소 순으로 차곡차곡 쌓아 넣어 완성한다.

홀썸팁

- 완성한 샐러드는 냉장 보관하며 최대 2~3일 안에 소진해 주세요.
- 취향에 따라 치즈나 익힌 파스타 등을 추가해도 좋아요.
- 잎채소는 루콜라, 치커리, 어린잎 채소, 베이비 시금치 등으로 다양하게 구성해 보세요.
- 아보카도를 추가하면 더욱 풍성한 샐러드를 즐길 수 있습니다. 다만 아보카도는 갈변이 쉽게 일어나기 때문에 넣고 싶다면 따로 준비해서 샐러드에 추가합니다.
- 샐러드 드레싱의 종류와 양은 취향에 맞게 자유롭게 선택하세요.

C H A P

T E R 2

음식의 진짜 주인공, 재료

재료 중심의 식사

"화려하고 복잡한 걸작을
요리할 필요는 없다.
다만 신선한 재료로 좋은 음식을 요리하라."

줄리아 차일드   Julia Child

"오늘 뭘 먹을까?" 매일 집밥을 먹지만 끼니마다 식사에 대한 고민은 끊이지 않지요. 사실 우리가 무엇을 먹을지 정하기 어려운 이유 중 하나는 '메뉴' 중심으로 음식을 선택하고 조리하기 때문입니다. 부대찌개, 김치찌개, 제육볶음 등 특정 메뉴가 요리의 대상이 되는 거지요.

하지만 이러한 메뉴 중심 요리에는 경직성이 존재합니다. 양념의 종류와 비율, 들어가야 하는 재료의 양과 종류, 재료 조합, 조리 시간, 조리 순서 등 기존 레시피에서 벗어나기 힘들어요. 게다가 우리가 어떤 재료를 얼마나 먹었는지, 단백질과 탄수화물, 지방의 구성이 어떻게 이루어지는지, 식사의 염도는 어느 정도인지 정확하게 파악하기도 어려워요. 우리가 쓰는 간장, 된장의 맛도 가지각색이고 재료의 신선도나 특성에 따라 동일한 레시피를 따라 해도 맛이 다 달라집니다.

그러니 이제는 '메뉴' 중심으로 식사를 결정하는 습관에서 벗어나 '재료'를 중심으로 식사를 준비해 봅시다. "제철 배추로 할 수 있는 요리를 시도해 볼까?" "어제 구매한 토마토와 목초육으로 만들 수 있는 요리는 뭐지?" 이처럼 재료에 집중하는 것으로 관점을 바꾸는 거예요. 재료 중심 요리에는 장점이 많습니다. 우선 기존 레시피에 집착하지 않고 나만이 만들 수 있는 새로운 요리법을 시도할 수 있어요. 재료에 대한 이해도도 높아지며 요리의 영양 정보도 자연스레 파악할 수 있어요. 불필요한 양념과 조미료, 가공식품의 사용을 줄일 수 있고 제철 식재료의 섭취도 늘릴 수 있지요. 재료에 집중하다 보니 자연스레 더 좋은 재료란 무엇인지 연구하게 되며, 제철 식재료의 맛이 얼마나 탁월한지 깨닫게 됩니다. 재료 간의 궁합과 맛의 조합도 요리 과정을 통해 자연스럽게 습득하니 요리 실력도 늘어나요.

그저 한 장의 종이로 남는 레시피가 아니라, 재료에 대한 정보와 원리를 이해하고 직접 해석할 때 우리는 우리 몸에 더 건강하고 알맞은 요리를 할 수 있습니다. 그 시작이 바로 '재료'를 중심으로 요리의 관점을 전환하는 것입니다.

우리의 식탁을 채우는
재료에 대하여

식탁 위의 주권을 찾아라! 건강한 식재료 고르는 법

"자유롭게 살아, 그거 족쇄야! 세상이 얼마나 좋아졌는데!" 대부분의 끼니를 직접 만들어 먹는다고 했을 때 종종 듣는 이야기입니다. 하지만 이런 이야기를 들을 때마다 의문이 떠오르곤 합니다. 정말 외식이나 배달을 통해 식사를 해결하는 게 진정한 자유일까? 저는 반대로 내 먹거리를 직접 해먹는 것이 오히려 진정한 자유라고 생각합니다. 집밥을 한다는 것은 우리 식탁에 무엇을 올릴지 직접 결정하는 주도권을 쥐는 것과 같으니까요.

사실 재료가 성장하고, 수확되고, 포장되고, 유통되고, 구매를 거쳐 가공되고, 조리되어 식탁에 오르기까지 우리가 관여할 수 있는 단계는 몇 없어요. 하지만 직접 집밥을 차리기로 마음먹는다면 그 범위를 조금 더 넓힐 수 있습니다. 어떤 식재료와 양념을 사용할지 요리 과정에서 스스로 결정할 수 있고, 식재료가 어떻게 생산되었는지, 언제 수확되었는지, 어떤 식으로 포장되고, 배송되고, 가공되는지 이해의 폭이 더욱 넓어집니다. 재료 수확부터 요리를 거쳐 우리 입에 들어오기까지 내가 선택하고 참여할 수 있는 범위가 넓어지지요. 결국 우리가 음식을 직접 통제할 권리를 가지고, 그 권리를 통해 내 몸에 더 알맞고 우리 가족 건강에 도움이 되는 음식을 선택할 수 있는 기회를 갖는 것과 같아요.

배달 앱이나 식당이 정한 기준에 맞추어 내 삶과 건강이 누릴 수 있는 자유에 제한을 두지 마세요. 우리가 먹는 것이 곧 우리 자신입니다. 내가 스스로 선택하는 권리를 통해 누리는 자유를 마음껏 즐기세요. 결국 집밥은 자유랍니다. 지금부터는 건강한 식재료를 고르기 위한 저만의 방법을 공유합니다. 제가 식재료를 고를 때 항상 염두에 두는 네 가지 기준을 소개합니다.

• 친환경 식재료 Buy organic

제가 유기농 식재료를 활용하는 것은 단순히 살충제나 제초제를 사용하지 않아 나와 우리 가족의 건강을 지켜준다는 이유 때문만은 아닙니다. 오히려 더 자연스러운 삶을 추구하려는 마음, 자연과 가까워지고 싶다는 마음, 내가 있는 그대로 아름답듯 자연도 그러하길 바라는 마음, 미래 세대가 자연의 혜택을 편안히 누리길 바라는 마음, 삶의 인위적인 면을 줄이고 자연스러움을 늘리고 싶은 마음, 땅과 바다의 기운을 잔뜩 머금은 식재료로 나의 몸을 채우며 나를 진정으로 사랑하고 싶다는 마음이 더 큽니다.

유기농업은 화학비료, 항생제, 살충제나 합성 농약을 사용하지 않고 농작물을 재배하는 방식이지요. 이를 통해 땅과 물의 오염을 막아 야생동물의 서식지를 보호합니다. 가축은 유기농 사료를 먹으며, 질병에 걸릴 때를 제외하고는 호르몬이나 항생제 사용도 최소화해요. 친환경 식재료를 구입하는 것은 결국 식물과 동물의 더 나은 양육 환경, 더 나아가 지구의 건강까지 생각하는 방법인 셈입니다.

○ *Tip* 친환경으로 사면 좋은 식재료

미국의 비영리환경단체인 EWG Environmental Working Group에서는 매년 〈Clean 15, Dirty 12〉 목록을 공유합니다. 이는 농작물에서 발견되는 농약 잔류물에 대한 정보를 분석하고, 농약 잔류물이 비교적 적은 15개 품목과 가장 많은 12개 품목을 정리한 목록이에요. 물론 해외 자료이기에 국내 농산물에 그대로 적용하기에는 한계가 있을 수 있지만, 참고하기에는 충분합니다.

사실 모든 식재료를 친환경으로만 구매하는 것은 불가능할 때가 있어요. 그럴 때는 최소한 EWG가 발표한 〈Dirty 12〉에 해당하는 식품만이라도 친환경으로 구매하겠다 생각하면 마음이 한결 가벼워집니다. 아래는 EWG가 발표한 〈Clean 15, Dirty 12〉 식품 목록입니다.

EWG가 발표한 〈Clean 15, Dirty 12〉　　　　　　　　　　　　　　　　　(2024년 기준)

Clean 15	아보카도, 스위트콘, 파인애플, 양파, 파파야, 스위트피, 아스파라거스, 허니듀멜론, 키위, 양배추, 버섯, 망고, 고구마, 수박, 당근
Dirty 12	딸기, 시금치, 케일, 콜라드, 머스터드 그린, 복숭아, 서양배, 넥타린 복숭아, 사과, 포도, 피망, 고추, 블루베리, 그린빈, 체리

• 국산 식재료 Buy local

'신토불이身土不二'라는 단어 많이 들어보셨죠? 몸과 땅은 둘이 아니고 하나라는 뜻으로 내가 사는 땅에서 난 재료가 내 몸에 알맞다는 의미입니다. 과거 우리 조상들은 우리 땅에서 나고 자란 작물을 먹는 일을 이토록 중요하게 여겼어요.

요즘에는 그 의미가 더욱 뚜렷하게 와닿습니다. 해외에서 수입되는 식재료의 가짓수와 양이 기하급수적으로 늘었기 때문입니다. 하지만 식재료가 산지에서 밥상까지 올라오는 시간이 짧을수록 더욱 신선한 것은 당연합니다. 그래서 우리 땅에서 자란 제철 식재료는 수입산보다 비타민이나 무기질과 같은 영양의 손실이 적어요. 최근에는 이러한 식품 유통 단계를 대폭 줄여 소비자와 생산자가 직접 거래하려는 수요가 늘고, 이를 실현하는 다양한 플랫폼도 등장하고 있습니다. 농부가 재배한 농작물을 직접 만날 수 있는 농부시장(파머스마켓)이 그 좋은 예입니다.

게다가 예전에는 해외에서 주로 재배되어 수입에 의존해야 했던 여러 농작물이 국내에서도 재배되고 있어요. 콜리플라워, 다양한 허브, 레몬, 바나나, 심지어 아티초크까지 한국에서 재배되고 있습니다. 또 목초만으로 키운 한우, 자연방사 형태로 자란 닭과 달걀 등 우리의 건강과 동물의 안전에 더 유익한 성장 환경이 확대되고 있으니 잘 살펴 구매하길 권합니다.

• 제철 식재료 Buy Seasonal foods

우리 신체는 스스로 눈치채지 못한 사이 일정한 리듬을 유지합니다. 이 신체 리듬에 맞게 잘 생활하면 숙면을 취할 수 있고 몸도 편안해져요. 그리고 제철 농산물 역시 이와 같은 생명의 주기를 가지고 있습니다.

《야생의 식탁》을 쓴 작가 모 와일드는 "지역과 계절에 상관없이 먹고 싶은 것을 먹으려는 욕망으로 우리의 몸은 더 살찌고, 우리의 감정은 더 슬퍼지고 병들며, 우리의 환경은 더욱 파괴된다"라고 말했습니다. 또 "자연의 질서에는 다양성과 변동성이 내재되어 있기에 계절 변화에 따라 식단도 바뀌어야 하며, 내가 사는 곳에서 나타나는 1년간의 먹거리가 무엇인지 재발견하라"라고 충고했어요. '제철 음식이 보약이다'라는 말도 있지요. 하우스재배를 통해 1년 내내 다양한 식재료를 쉽게 구할 수 있는 요즘이지만, 시기에 맞는 제철 식재료만이 갖는 맛과 영양, 신선도와는 여전히 비교할 수 없습니다.

마트에는 사시사철 모든 식재료가 갖춰져 있기에 어떤 것이 제철 음식인지 쉽게 파악할 수 없어요. 저는 조합원 마트인 한살림을 자주 이용하는데요.

하우스나 양식 재배보다 제철 재료를 주로 판매하기 때문에 이곳에 방문하는 것만으로도 언제 어떤 것이 제철 재료인지 쉽게 파악할 수 있습니다. 그러니 재료의 제철을 구분하는 것부터 난관이라고 생각한다면 가까운 한살림 매장을 방문하기를 추천합니다.

• 홀푸드 식재료 Buy Wholefoods

집밥을 하며 꼭 지키는 저만의 원칙 중 하나는 바로 자연에 가장 가까운 재료를 활용해 요리를 완성한다는 것입니다. 저는 이를 '홀푸드wholefood'라고 칭해요. 누군가 홀푸드의 정확한 정의가 무엇이냐 묻는다면 저는 '사람이 만든 음식이 아닌, 자연이 만든 음식'이라고 대답하고 싶습니다. 저는 자연이 만들고 최소한으로만 가공된 식재료를 쓰려고 노력합니다.

감자나 당근, 시금치는 물론 돼지고기 역시 사람이 만들 수 없습니다. 모두 자연에서 성장하고 채취해야 얻을 수 있는 식재료들이지요. 반면 소시지나 베이컨, 라면, 냉동피자 등은 홀푸드가 아닌 첨가물 등을 이용해 '사람'이 만든 음식입니다. 물론 식단에서 가공식품의 비율을 0%로 만드는 것은 불가능하겠지만 최소한 장바구니 대부분을 자연 그대로인 홀푸드로 채우겠다는 목표를 세우는 것만으로도 많은 것이 변할 수 있어요. 마트에서 재료를 고를 때 이 질문을 던져보세요. '이건 자연이 만든 것일까, 사람이 만든 것일까?'

마트라는 정글 속에서 올바른 식재료 고르기

재료를 구매할 때 의사 결정권이 우리에게 있다고 생각하지만 사실 그 권리를 지키기란 말처럼 쉽지 않아요. 어떤 곳에서 장을 보는지, 내가 장을 보는 곳이 어떤 구조인지, 식품의 라벨에 어떤 문구가 쓰이는지, 광고나 마케팅에서 활용하는 언어는 무엇인지에 따라 우리의 결정은 생각보다 쉽게 달라집니다. 미로와 같이 복잡한 식품 정글 속에서 우리는 어떤 기준을 가지고 어떻게 건강한 식재료를 구매할 수 있을까요? 다음은 제가 마트에서 장을 볼 때 언제나 유념하며 신경 쓰는 일곱 가지 규칙입니다. 여러분도 참고하면서 더욱 건강하게 장바구니를 채울 수 있기를 바랍니다.

• 할머니가 모르는 원재료는 제외

모든 식자재를 자연 재료로만 채우는 것이 가장 좋겠지만 가공식품을 사야 할 때도 분명 있습니다. 그때 가장 현명한 선택법은 식품 포장지 뒷면에 적힌 원재료를 확인하는 거예요. 일상에서 잘 접하지 않는 화학물질, 예를 들어 수크랄로스나 아황산나트륨, 질산칼륨, 글루탐산나트륨 등이 원재료에 포함되어 있다면 구매를 피하는 것이 좋습니다. 푸드라이터 마이클 폴란은 "나의 할머니가 모르는 재료라면 식탁 위에 올리지 않는다"라고 말했습니다. 이 말만큼 명확하고 쉬운 선택법이 있을까요.

• 원재료 개수는 5개 이하

가공식품을 고를 때 또 하나의 손쉬운 팁이 있습니다. 원재료의 개수가 5개를 넘지 않는 제품을 고르는 거예요. 5개라는 숫자는 제가 심리적으로 정해둔 것이라 절대적이지 않지만, 결국 사용된 원재료의 개수가 적어야 더욱 건강하다는 의미입니다. 너무 많은 재료가 포함된다는 것은 가공 수준이 더욱 복잡해진다는 의미이고, 이는 결국 경계해야 할 '초가공식품Ultra Processed Foods'일 가능성이 높다는 의미이기 때문입니다.

더불어 원산지가 여러 곳인 제품보다 단일 원산지인 제품이 오염 확률이 낮습니다. 간혹 식용유나 두부의 원재료인 대두의 원산지가 한 나라가 아닌 다양한 곳인 경우가 있는데, 이는 배송과 추출·가공 과정이 더 복잡할 수 있다는 의미입니다. 이런 환경에서는 제품이 오염되거나 관리에 문제가 생길 가능성이 더 높아질 수 있겠지요.

• 장보기 동선은 마트의 벽면을 따라서

백화점에서 손님을 더 오래 머물게 하기 위해 건물의 창문을 모두 없앴다는 이야기는 매우 유명합니다. 우리가 매일 드나드는 대형마트 역시 치밀하게 설계된 공간입니다. 상품의 진열 역시 마찬가지예요. 가장 쉽게 눈길이 가는 평균 눈높이에는 유통업체의 마진이 가장 높은 가공식품이 놓이고 아이들의 눈높이에 맞는 낮은 선반에는 과자나 군것질류가 있지요. 반면 우리가 매일 섭취하는 달걀이나 우유는 매장 안쪽에 있을 가능성이 높아요. 그래서 이들을 구매하려면 자연스레 매장 전체를 다 돌아야 합니다. 채소나 과일, 육류와 해산물 같은 자연 식재료 역시 모두 마트의 벽면을 따라 배치되어 있습니다.

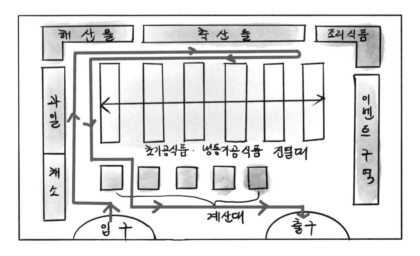

그러니 가공식품 소비를 최소화하고 홀푸드 식재료를 더 많이 활용하기 위해서는 마트의 벽면을 따라 장을 보는 습관을 들이세요. 견물생심이라는 말처럼 눈에 보이면 궁금증이 생기고 결국 소비하게 되니 그 상황 자체를 제한하는 겁니다. 그저 평소 장을 보던 것과 조금 다른 동선을 택하는 것만으로도 더 현명한 소비를 할 수 있습니다.

• 유기농 판타지를 경계하라

유기농 농법으로 재배된 제품을 선택하거나, 유전자 변형 논란이 있는 제품을 멀리하는 습관은 우리 식탁 건강을 지키는 데 매우 중요합니다. 하지만 유기농이라는 인증 마크나 마케팅 메시지가 그 재료의 질을 100% 보장하는 것은 아닙니다.

마트 매대를 보면 유기농이라고 소개되었음에도 가격이 매우 저렴한 제품이 있어요. 이 경우 제품의 원재료를 다양한 나라에서 공급받았는지, 식재료 관리가 취약한 나라에서 생산되었는지, 유기농이지만 설탕이나 첨가물이 지나치게 많이 포함된 제품은 아닌지 꼼꼼히 살펴야 해요. 유기농이라는 이름만 믿고 구매하기보다 원재료명과 원산지에 대한 이해를 함께 갖추는 것이 좋습니다.

• 그린 워싱green washing의 함정에서 벗어나라

유기농 마크와 마찬가지로 그린 워싱 역시 세심하게 살펴봐야 합니다. 그린 워싱이란 실제로는 친환경적이지 않지만 친환경인 것처럼 홍보해 판매하는 '위장 환경주의'라고 할 수 있어요. 이러한 현상은 특히 아이들을 대상으로 한 식품에서 많이 발견됩니다. '엄마의 마음으로 만든' '자연에 더 가까운' '지구를 생각해서 만든' 등과 같은 문구는 건강하고 친환경적인 제품이라는 인상을 주지만 정작 원재료는 그렇지 않은 경우가 많아요.

'글루텐 프리' '5개 유해 물질 미포함' 등과 같은 표현 역시 제품의 질을 보장해 주지 않습니다. 글루텐을 포함하고 있지 않을 뿐 오히려 화학첨가물이나 정제 설탕을 잔뜩 넣은 간식일 수 있고, 5개 유해 물질만 포함하지 않을 뿐 그 외 첨가물은 모두 인체에 유해한 것일 수도 있으니까요. 그러니 그린 워싱 마케팅에 속지 말고 제품의 원재료를 확인하는 습관을 기르도록 합시다.

• 친환경 전문 식품 매장 이용하기

국내에는 친환경 식자재를 유통하는 오프라인 브랜드가 몇 있는데요. 대표적으로 한살림, 자연드림, 올가, 초록마을 등입니다. 이 중 한살림과 자연드림은 생활협동조합의 형태이며 나머지 두 브랜드는 기업이 운영하고 있어요. 생활협동조합은 소비자가 가입비와 출자비를 내야 하는 비영리 협동조합을 뜻합니다.

저는 한살림에서 대부분의 식재료를 구입합니다. 제가 한살림을 이용하는 것은 앞서 말한 것처럼 매장을 방문하기만 해도 제철 재료가 무엇인지 한눈에 파악할 수 있다는 점, 재배환경과 농법에 대한 정보를 쉽게 알 수 있다는 점 때문입니다. 하지만 무엇보다 자체적으로 실행하는 다양한 식재료 검사를 통해 더 안전한 재료를 구매할 수 있다는 이유가 커요.

해산물의 경우 한살림 자체 방사능 검사를 실시하며, 항생제와 성장호르몬을 혼합한 사료는 먹이지 않고 키운 유기농 한우를 판매합니다. 조합원이 식재료 판매에 대한 의견을 직접 전달해 그중 일부 의견이 판매에 반영되기도 하지요. 그러니 생활협동조합의 친환경 매장이 소비자의 식재료 주권을 더 강화해 줄 수 있는 좋은 파트너가 될 수 있답니다.

요리를 완성하는
양념에 대하여

양념과 약념藥念

지금까지 식탁 위의 주권을 찾기 위한 방법으로 건강한 식재료에 관해 이야기했습니다. 하지만 아무리 건강한 식재료를 가지고 요리를 한다고 해도, 재료 자체만으로는 훌륭한 요리를 완성할 수 없어요. 간과 향을 맞추는 양념은 맛있는 요리를 완성하는 데 중요한 재료입니다. 그런데 이토록 필수적인 양념에 대해, 진지하게 생각해 본 적 있나요?

'양념이 곧 약념'이라는 말이 있습니다. 양념이 단순히 간을 더하고 주미를 하는 데서 나아가 약이 되도록 한다는 의미입니다. 하지만 오늘날의 식탁에서 양념을 더한다는 의미는 오히려 건강하지 못하다는 뜻에 가까워지는 듯합니다. 오늘날 우리가 활용하는 많은 양념이 과거와 달리 몸에 이롭지 않은 요소를 포함하기 때문입니다.

게다가 과거에는 대부분의 양념을 직접 만들었지만, 지금은 거의 모든 양넘이 기업의 대량생산을 통해 '가공식품' 형태로 공급되고 있습니다. 하지만 이러한 시판 양념의 재료와 첨가물에는 부족한 점이 많아요. 된장이나 간장을 만들 때 쓰이는 콩은 수입된 유전자 변형 상품이 대부분이고, 드레싱이나 소스는 첨가물이 없는 제품을 찾기 힘들 정도입니다. 소비자 역시 양념에 쓰인 원재료를 확인하기보다 어떤 맛을 내느냐에 더 주목하지요. 감칠맛을 낸다는 액젓이나 굴소스, 요리 끝 필수 재료가 되어버린 MSG, 입이 화끈거려 스트레스가 풀린다는 마라 소스가 전통 '약념'을 대체해 우리의 식탁과 부엌 찬장에 자리 잡아버렸어요.

양념에서 약념으로, 자연의 재료로 맛 내기

그렇다면 양념이 약념의 위상을 다시 회복하기 위해서는 어떻게 해야 할까요? 우선 양념의 본질을 알아야 합니다. 약념의 원칙은 간단합니다. 양념을 만들 때 쓰인 재료의 질이 좋아야 하며, 재료의 가짓수가 적고, 첨가물이 포함되지 않아야 합니다. 옛 우리 조상이 그랬듯 간장은 물과 소금, 메주로만 만들고, 된장은 메주, 소금으로만 만들며, 고추장은 고춧가루와 찹쌀, 소금과 쌀 조청으로만 만드는 것이지요.

'두드려라. 그러면 문이 열릴 것이다!'라는 말이 있잖아요. 저는 요리를 하면서 첨가물이 없는 양념을 사용하고, 적어도 디저트가 아닌 식사만큼은 불필요한 설탕을 쓰지 않겠다는 확고한 고집을 갖고 있습니다. '서양 요리에는 설탕이 거의 들어가지 않는데 왜 한식엔 설탕이 쓰일까?' '설탕이 포함된 맛간장, 올리고당, 물엿을 사용하지 않고 단맛을 구현할 순 없을까?' '감칠맛을 위한 인공 조미료는 반드시 필요한 걸까?' 이러한 질문의 답을 찾기 위해 수많은 날을 고민했어요. 그러다 보니 100% 만족스럽지는 않아도 자연 재료로 가공 양념의 역할을 대신하는 요령이 조금씩 생겨나기 시작했어요.

그중 하나는 채소를 이용해 다양한 맛을 내는 거예요. 저는 닭갈비를 만들 때 고구마와 파프리카, 양파를 듬뿍 넣어 설탕이나 올리고당을 대신합니다. 이들이 품고 있는 자연스럽고 은은한 단맛으로도 충분하거든요. 꼭 단맛이 필요하다면 정제 설탕보다는 배농축액을 소량 사용하기도 합니다. 또 요리 시작 전 미리 파와 기름을 볶아 이른바 '파기름'을 내면 자연의 재료만으로 요리의 감칠맛이 한층 더해집니다. 파스타나 수프를 만들 때 버섯이나 토마토를 활용하면 자연스러운 감칠맛이 살아나고, 돼지고기는 고추와 마늘, 파, 생강, 후추, 강황 등과 함께 요리하면 누린내를 줄일 수 있어요.

설탕이나 가공 양념을 집어 들기 전 자연 속 다양한 채소를 활용해 진짜 맛을 구현해 보세요. 인위적이지 않고 자연스러운 진짜 감칠맛을 느낄 수 있습니다.

○ 양념으로 활용할 수 있는 식재료

맛	재료
단맛	파, 양파, 파프리카, 단호박, 고구마, 양배추, 생강, 당근 등
신맛	토마토, 레몬, 라임, 복숭아, 매실, 석류 등
감칠맛	토마토, 버섯, 마늘, 콩, 셀러리, 시금치, 배추 등
잡내 제거	고추, 마늘, 생강, 대파, 양파, 후추, 다양한 향신료 등

식탁 건강에서 빼놓을 수 없는 주제가 바로 '당'이죠. 저 역시 과거 단맛을 즐기던 사람 중 하나였습니다. 달달한 과자나 초콜릿을 달고 살았고 식사 후에는 케이크 같은 디저트를 반드시 챙겨 먹곤 했지요.

하지만 건강한 식생활을 위해서는 과도한 당 섭취를 경계해야 합니다. 요즘 제 부엌에는 백설탕이 없어요. 음식을 만들 때 무심코 사용하던 꿀, 올리고당, 조청, 시럽도 없습니다. 꼭 필요할 때만 비정제 설탕이나 배농축액을 소량 활용하고 있어요. 무분별한 당 섭취는 혈당을 높이고 만성 질병의 원인인 인슐린 저항성의 문제를 일으키기 때문입니다.

최근에는 당 섭취에 대한 경계가 공감을 얻으며 새로운 대체당 사용이 증가했습니다. 혈당에 직접적인 자극을 주지 않는 아스파탐이나 사카린, 수크랄로스 등과 같은 인공 감미료나 스테비아, 알룰로스, 몽크푸르트와 같은 천연 감미료를 이용해 단맛을 구현하기 시작했어요. 그런데 이 재료들은 식탁에 오른 역사가 매우 짧기에 이들이 우리에게 미치는 영향에 대한 연구가 아직 모자란 것이 사실입니다. 최근 WHO 산하 국제 암 연구소에서 제로콜라에 사용된 아스파탐을 발암물질로 규정해 논란이 일기도 했지요. 몇몇 연구는 이러한 인공 감미료가 장내 미생물 환경에 부정적이라 지적하기도 했어요.

물론 저는 당 섭취 자체가 문제라고는 생각하지 않습니다. 다만 과도한 당 섭취를 경계하고 단맛에 길들여진 입맛을 바꾸며 당 섭취 빈도를 줄이는 과정이 필요하다고 생각합니다. 이른바 '입에서 단맛을 빼는 과정'인 거지요. 당 섭취를 줄이고 건강한 재료의 고유한 맛을 즐기다 보면 어느새 예전에 즐겨 먹던 음식의 단맛이 자극적으로 느껴지게 됩니다. 단것을 먹어 스트레스를 풀었던 과거의 습관도 점점 사라지고, 오히려 그렇게 좋아하던 케이크를 먹고 난 뒤에 두통을 느끼기도 해요.

단맛을 포기하지 못한다는 마음으로 대체 감미료를 찾기보다, 당 섭취를 줄이며 요리에서 단맛을 빼는 습관을 길러보는 것은 어떨까요? 대체 감미료의 잠재적 위험에서 벗어날 뿐 아니라 더 다양한 맛의 즐거움도 느낄 수 있을 겁니다.

양념도 건강하게! 진짜 양념 고르는 법

사실 가장 건강한 양념이란 원재료를 사다가 내 손으로 직접 만드는 것이 겠지요. 하지만 매일 쓰는 된장, 간장, 고추장을 직접 만들기는 현실적으로 쉽지 않습니다. 그래서 우리는 기업이나 판매자가 가공한 양념을 구매할 수밖에 없어요. 자연스레 거의 모든 양념이 가공식품에 속합니다. 그렇기에 현명하게 양념을 구매해야 합니다. 우리가 구매하는 양념이 건강한지 확인하는 방법은 양념의 원재료명을 확인하는 거예요.

간장은 한식에서 빠질 수 없는 필수 양념이지요. 하지만 여전히 간장의 종류와 원재료에 대해 잘 알지 못합니다. 저도 처음 살림을 꾸릴 때 너무 많은 간장 종류와 쓰임새에 정신을 차릴 수 없었어요. 하지만 요리의 종류에 따라 간장을 구분하는 대신, 원재료에 따라 간장을 선택했더니 훨씬 간편한 답을 얻을 수 있었습니다. 전통 간장 혹은 국간장이라 불리는 '한식간장'은 첨가물이 없고 전통 발효 방식으로 만들어집니다. 그래서 저는 요리를 할 때 다양한 간장을 사용하지 않고 오로지 한식간장만을 사용해 간을 합니다.

○ 간장별 원재료 비교

	간장 A	간장 B
원재료명	정제수, 천일염(국산), 대두(국산)	정제수, 천일염(호주산), 탈지대두(인도산, 미국산, 중국산), 소맥(미국산), 기타 과당, 감초추출물, 효모추출분말, 효소처리스테비아, 주정, 파라옥시안식향산에틸(보존료)

위의 표는 2개 간장에 사용된 원재료를 비교한 것입니다. 같은 간장이지만 재료 사용에 큰 차이가 있음을 한눈에 파악할 수 있습니다. 간장 A는 물, 소금, 메주, 단 3개의 원재료만을 사용한 전통 방식의 한식간장입니다. 게다가 사용된 재료 모두 국내산이에요.

간장 B는 마트에서 쉽게 구입할 수 있는 진간장의 성분표예요. 가장 큰 차이는 국내산 재료가 거의 포함되지 않았다는 것, 또 정제수와 천일염을 제외하고 우리가 쉽게 파악하기 어려운 화학첨가물이 대부분이라는 점입니다. 특히 해외에서 수입한 대두는 유전자 변형 콩일 가능성이 매우 높고, 대부분 화학처리가 이루어져요. 간장의 깊은 맛을 내기 위한 첨가물이 여럿 포함되어 있으니 이렇게 만들어진 간장이 요리의 감칠맛을 내는 데 더 유리할 수도 있습니다. 하지만 그만큼 더 많은 첨가물을 섭취하게 된다는 점을 명심해야 합니다.

그렇다고 건강을 위해 모든 맛을 포기하라는 말은 아닙니다. 갑자기 한식 간장으로 바꾸면 익숙하지 않은 맛에 거부감이 들 수도 있어요. 하지만 차차 그 맛에 익숙해지다 보면 재료가 가진 본연의 맛에 더욱 집중할 수 있고, 그 과정에서 더 섬세한 맛의 차이를 즐길 수 있습니다. 나중에는 첨가물이 많이 포함된 간장의 맛에 거부감이 들지도 몰라요. 우리가 지금껏 시도하지 않았기에 미처 몰랐던 새로운 맛의 영역을 경험했기 때문이지요.

오늘부터 요리에 사용하는 양념의 성분표를 살피는 습관을 기르는 것은 어떨까요? 된장, 고추장, 액젓, 향신료 가루, 식초, 샐러드 드레싱, 마요네즈, 카레 가루 등 양념을 구매할 때 원재료명을 꼼꼼히 확인하는 겁니다. 이를 통해 재료의 질과 합성 첨가물의 정보를 이해하면 양념까지 진짜 건강한 집밥을 완성할 수 있습니다.

○ *Tip* 성분표 비교하기

아래는 우리가 가장 자주 사용하는 양념인 된장과 고추장, 액젓, 카레 가루, 마요네즈의 원재료를 비교한 표입니다. 차이가 보이나요? 마트에 간다면 제품 뒷면 원재료명을 꼭 확인해 보세요. 할머니가 모르는 원재료가 있다면 구매하지 않는 것이 현명한 선택임을 기억하세요.

양념	홀썸 Pick 성분표	피해야 할 성분표
된장	메주(국산), 천일염 (국산)	된장(외국산), 소맥분, 정제소금, 밀쌀, 정제수, 다진 마늘(중국산), 다진 양파(중국산), 다시마멸치엑기스, 조개밑국물, 혼합해물엑기스, 고춧가루, 멸치분말, 사골농축액, 정제소금, 설탕, 향미증진제
고추장	고춧가루(국산), 찹쌀가루(국산), 찹쌀(국산), 메줏가루(국산), 쌀조청, 천일염(국산)	고추장[물엿, 밀가루(미국산 호주산)], 고추양념(중국산), 정제소금, 혼합미분, 설탕, 혼합간장, 아미노산액(탈지대두:외국산), 양조간장원액(대만산), 정제소금, 기타과당, 고춧가루(중국산), 다진 마늘, 정제수, 다진 양파, 주정, 양조식초, 고과당, 혼합해물엑기스, 정제소금, 다진대파, L-글루탐산나트륨, 배퓨레
멸치액젓	멸치(국산), 천일염(국산)	멸치액젓(국산), 새우젓(국산), 꽃게(국산), 대파, 양파, 마늘, 생강, 다시마, 천일염, 양조간장[탈지대두(인도산)], 소맥(미국산), 천일염(호주산), 과당, 향미증진제, 감초추출물, 정제수, 비타민B1 라우릴황산염, 주정
카레 가루	고수풀, 강황, 겨자, 커민, 호로파 파프리카, 카이엔, 카다멈, 육두구, 계피, 정향	밀가루, 식물성 유지(팜유, 채종유), 설탕, 소금, 카레분(강황, 고수, 커민, 호로파, 오렌지껍질), L-글루탐산나트륨(향미증진제), 캐러멜색소, 후추, DL-사과산, 마늘, 5-이노신산이나트륨, 5-구아닐산이나트륨, 셀러리씨, 겨자
마요네즈	아보카도오일, 난황분말, 달걀, 식초, 정제수, 머스터드, 정제소금, 로즈메리 추출물	대두유(외국산: 미국, 브라질, 파라과이 등), 두유(외국산 내두, 정제소금), 정제수, 발효식초, 설탕, 정제소금, 변성전분, 밀분해추출물, 레몬착즙액, 젖산, 잔탄검, 효모추출물, 혼합제제(시클로덱스트린시럽, 엔-록 1930, 트리아세틴, 안나토색소, 유화제), 이.디.티.에이칼슘이나트륨(산화방지제), 치자황색소

요즘 황금 레시피, 황금 양념 비율이라는 이름이 붙은 레시피가 정말 많지요. 그런데 직접 양념을 만들며 나에게 맞는 최적의 양념 비율을 찾으면, 이러한 레시피 없이도 재료에 알맞은 양념을 금세 본능적으로 만들 수 있어요. 저는 아래와 같은 방법으로 양념 재료를 조합해서 요리에 활용하고 있습니다.

이렇게 소개한 저의 양념이 누군가에게는 싱거울 수도, 누군가에서는 너무 매울 수도 있어요. 간장의 염도, 마늘의 풍미는 그때그때 달라지고, 개인이 느끼는 짠 정도도 모두 다를 테니까요. 그렇기에 더더욱 많은 분들이 양념 조합의 기본 원리를 염두에 두고 나만의 양념을 찾아가길 권합니다. 저는 한식간장과 다진 마늘로만 만든 만능 양념을 만든 뒤 일주일 동안 냉장 보관하며 볶음, 찜, 소스에 활용합니다.

한식 간장 양념 조합 예시

만능 양념
● 간장 3
● 다진마늘 1

잡내제거양념
● 간장 3
● 다진마늘 1
● 요리술 2

매콤양념
● 간장 3
● 다진마늘 1
● 고춧가루 2

달콤양념
● 간장 3
● 다진마늘 1
● 다진생강 0.3
● 배농축액 1

풍미양념
● 간장 3
● 다진마늘 1
● 다진생강 0.3

들기름·참기름은 양념에 넣지 않고
가열하지 않은 채 요리 마지막에 추가

※ 요리술은 단맛이 없는 무첨가 제품을 사용하는 것이 좋아요. 요리술도 초가공식품인 경우가 많으니 원재료명을 반드시 확인합니다.

그저 한 장의 종이로만
남는 레시피가 아니라,
재료에 대한 정보와 원리를
이해하고 직접 해석할 때
우리는 우리 몸에 더 건강하고
알맞은 요리를 할 수 있습니다.
그 시작이 바로 '재료'를
중심으로 요리의 관점을
전환하는 것입니다.

방울토마토파스타

토마토는 그냥 먹어도 맛있지만 올리브오일에 익혀 먹으면 그 감칠맛이 배가되고, 토마토의 주요 영양소인 리코펜의 흡수율도 올라갑니다. 지금 소개하는 레시피는 방울토마토, 올리브오일, 다진 마늘 그리고 글루텐 프리 현미 파스타로만 이루어진 재료 자체의 감칠맛을 오롯이 느낄 수 있는 깔끔하고도 건강한 파스타입니다.

재료

방울토마토 15~20개
글루텐 프리 파스타 1인분
다진 마늘 2작은술
바질 3g
올리브오일 3큰술
한식간장 1작은술
소금과 후추 조금

만드는 법

1. 방울토마토는 반으로 자르고 바질 잎은 토핑용으로 잘게 다진다.
2. 파스타는 알덴테로 익혀 준비한다.
3. 예열한 프라이팬에 올리브오일을 두르고 다진 마늘을 넣은 뒤 1분간 볶다가 반으로 자른 방울토마토를 추가해 한 번 더 볶은 후 뚜껑을 닫고 중불에서 3분간 익힌다. 뚜껑을 열어 방울토마토에서 과즙이 나오고 흐물흐물해지면 숟가락으로 눌러 으깬다.
4. 프라이팬에 파스타를 추가한 뒤 한식간장으로 간하고 중약불에서 잘 섞으며 볶는다. 간이 모자라면 소금으로 간을 더한다.
5. 파스타를 그릇에 옮겨 담고 토핑용으로 다져둔 바질을 올려 요리를 완성한다.

홀썸팁

⊘ 밀가루 섭취를 줄이기 위해 저는 글루텐 프리 파스타를 이용했습니다. 파스타 대신 국내산 현미국수나 메밀국수를 활용해도 좋아요.
⊘ 쌀로 만든 파스타의 경우 너무 오래 익히면 퍼질 수 있으니 알덴테로 익혀주세요.
⊘ 파스타의 종류를 다양하게 활용해 보세요. 직구를 통해 다양한 글루텐 프리 파스타를 구매할 수 있습니다.
⊘ 마지막에 무첨가 발사믹식초를 둘러도 맛이 좋아요.

콜리플라워 아몬드수프

이번 요리는 주재료인 콜리플라워와 아몬드로만 맛을 낸, 말 그대로 재료 중심의 수프입니다. 콜리플라워는 색이 하얗고 식감이 부드러워 유제품을 따로 쓰지 않아도 크리미한 질감을 표현할 수 있어요. 버터나 생크림 없이도 부드럽고 고소한 맛이 일품인 이번 요리를 만들어보세요

재료

콜리플라워 1/2송이
볶은 아몬드 1줌
양파 1/2개
다진 마늘 1큰술
올리브오일 2큰술
물 또는 채수 300ml
소금 조금

만드는 법

1. 콜리플라워는 줄기를 따라 꽃송이를 자르고 양파는 얇게 저민다.
2. 예열된 냄비에 올리브오일을 두른 뒤 자른 양파와 다진 마늘을 넣고, 양파에 갈색빛이 돌 때까지 중불에서 볶다가 손질한 콜리플라워를 추가해 1~2분간 더 볶는다.
3. 물 또는 채수를 냄비에 붓고 소금으로 간한 뒤, 뚜껑을 덮어 강불에서 끓인다. 숟가락으로 콜리플라워를 눌렀을 때 살짝 뭉개질 정도로 익으면 불을 끈다.
4. 초고속 블렌더에 냄비 속의 재료를 모두 붓고 볶은 아몬드를 추가한 뒤 부드러운 수프의 질감이 될 때까지 곱게 간다.
5. 완성된 수프를 그릇에 옮겨 담고 취향에 따라 다진 아몬드나 허브, 올리브오일을 둘러 요리를 완성한다.

홀썸팁

⊘ 견과류 알레르기가 있다면 아몬드를 생략해도 괜찮습니다.
⊘ 아몬드 대신 캐슈너트나 잣과 같은 다른 견과류를 활용해도 좋아요.

매운 새우애호박볶음

새우와 애호박이 만나면 설탕을 넣은 것처럼 자연스러운 단맛이 올라오고 풍미가 깊어집니다. 이번 메뉴는 밥에 올려 덮밥으로 먹어도 좋고, 반찬으로 활용해도 좋아요. 고춧가루를 뿌리면 얼큰한 매력을 느낄 수 있고, 새우의 비린내도 잡을 수 있지만 아이와 함께 먹는다면 고춧가루를 제외해도 좋습니다.

재료

자연산 새우 300g
애호박 1개
양파 1/2개
다진 마늘 1작은술
유기농 고춧가루 1큰술
한식간장 1큰술
생들기름 1/2큰술
통깨 1작은술

만드는 법

1. 애호박은 깨끗이 씻고 반달 모양으로 썬다. 양파는 얇게 채 썬다.

2. 예열한 프라이팬에 올리브오일을 두르고 채 썬 양파를 넣은 뒤 2분 간 볶다가 손질한 새우와 애호박을 추가해 1~2분간 더 볶는다.

3. 다진 마늘과 고춧가루, 한식간장을 넣어 간을 한 뒤 뚜껑을 닫고 애호박의 채수와 새우 육수가 충분히 우러날 때까지 찌듯이 익힌다.

4. 접시에 옮겨 담아 생들기름과 통깨를 뿌려 요리를 마무리한다.

홀썸팁

⊘ 애호박 대신 돼지호박을 사용해도 좋아요.

홀썸 콩나물뭇국

경상도에서 흔한 메뉴인 나물국은 보통 제사상에 올라가는 고사리, 도라지, 콩나물, 무를 큰 냄비에 넣고 육수와 함께 자작하게 끓여 내는 형태인데요. 나물에서 나온 채수와 각 나물이 가진 고유한 맛이 어우러져 감칠맛이 살아 있어요. 홀썸 콩나물뭇국은 나물국 조리법을 응용해 가정에서 가장 자주 먹는 나물인 콩나물과 무로 만든 메뉴입니다.

재료

콩나물 1봉지
무 1/2개
다진 쪽파 1큰술(토핑용)

양념

소고기 소보로 1/2컵(74쪽 참고)
한식간장 1큰술
멸치육수 180ml(47쪽 참고)
생들기름 또는 참기름 1작은술
통깨 1큰술

만드는 법

1. 콩나물은 깨끗이 씻은 뒤 머리와 꼭지를 다듬는다. 무는 4~5cm 길이로 채 썬다.
2. 큰 냄비에 손질한 콩나물과 무를 담고 재료가 잠기지 않을 정도로 멸치 육수를 채운다. 소고기 소보로와 한식간장을 넣고 뚜껑을 닫은 상태에서 중약불로 5~8분간 끓인다.
3. 재료가 모두 익으면 불을 끄고 한 김 식힌 뒤 그릇에 옮겨 통깨와 토핑용 쪽파, 생들기름을 한 바퀴 둘러 요리를 마무리한다.

홀썸팁

⊘ 나물국은 차갑게 식혀 먹을 때 그 매력이 배가됩니다. 요리가 완성된 뒤 냉장고에 넣어 식힌 뒤 샐러드처럼 먹어보세요.

단짠 없는 우엉당근볶음

시중 우엉조림은 달고 짠 양념 맛에 가려져 재료 본연의 맛을 느끼기 어려워요. 하지만 제철 우엉과 당근은 과도한 양념 없이도 충분히 달고 고유의 향이 무척 매력적이랍니다. 이번 레시피에서는 단맛을 내는 설탕이나 물엿, 올리고당 등의 감미료 없이 제철 재료 고유의 맛을 내고, 한식간장, 다진 마늘을 더해 감칠맛을 살렸습니다.

재료

당근 1개
우엉 3대(각 18~20cm)

양념

다진 마늘 1/2큰술
한식간장 1~2큰술
생들기름 또는 참기름 1큰술
물 2~3큰술

만드는 법

1. 당근과 우엉을 깨끗이 씻는다. 우엉 껍질은 필러를 사용해 벗긴다.
2. 손질한 당근과 우엉을 푸드 프로세서에 넣어 굵은 모래나 자갈 크기로 다진다.
3. 예열한 프라이팬에 올리브오일을 두르고 다진 우엉과 당근을 넣은 뒤 중불에서 볶다가 우엉과 당근이 부드러워지면 한식간장과 다진 마늘을 추가해 잘 섞으며 3~4분간 볶는다. 수분이 너무 졸아들었다면 물을 소량 추가해 볶는다.
4. 우엉과 당근이 충분히 익으면 불을 끄고 접시에 옮겨 담은 뒤 생들기름이나 참기름을 둘러 요리를 완성한다.

홀썸팁 --

⊘ 당근과 우엉은 채칼로 길게 썰거나 가늘게 깍둑썰기해도 좋습니다. 다만 재료의 입자가 크면 익는 데 시간이 오래 걸리는 만큼 충분히 볶아주세요.

우당 주먹밥 / 우당달 김밥

앞서 소개한 우엉당근볶음을 활용한 주먹밥과 김밥입니다. 1장에서 소개한 밀프렙처럼 우엉당근볶음 역시 미리 만들어 보관해 두며 끼니마다 활용하면 다양한 간식과 식사를 쉽게 만들 수 있어요.

우당 주먹밥

재료

우엉당근볶음 2~3큰술
백미밥 1컵(240ml)
통깨 1작은술
생들기름 1작은술
소금 조금

만드는 법

1. 큰 볼에 백미밥과 우엉당근볶음, 통깨, 생들기름을 넣고 잘 섞는다. 입맛에 따라 우엉당근볶음의 양을 조절해 간을 맞춘다.
2. 1인분만큼 밥을 덜고 손으로 동글동글한 모양을 잡아 주먹밥을 완성한다.

우당달 김밥

재료

우엉당근볶음 3큰술
백미밥 200ml
동물복지 유정란 1개
김밥용 김 1장
생들기름, 통깨, 소금 조금

만드는 법

1. 달걀을 잘 푼 뒤 기름을 두른 프라이팬에 부어 달걀말이를 만든다.
2. 큰 볼에 밥과 소금, 생들기름과 통깨를 넣고 잘 섞는다.
3. 김밥용 김 위에 준비해 둔 밥을 얇게 펴서 깔고 우엉당근볶음과 달걀말이를 얹어 김밥을 만든다.
4. 김밥을 먹기 좋은 크기로 자르고 접시에 담아 요리를 마무리한다.

홀썸팁

⊘ 두 메뉴 모두 백미밥 대신 현미밥을 활용해도 좋습니다.

오이부추김치

여름이 되면 아삭한 오이김치만큼 힐링되는 음식이 없지요. 이번 레시피는 오이소박이의 간단 버전이라 할 수 있는데, 오이소박이처럼 따로 속을 만들지 않고 하나의 볼에 오이와 부추, 양념을 모두 넣어 버무리는 방식이라 더욱 간단합니다. 상큼하고 간단한 오이 레시피를 이번 여름에 꼭 시도해 보세요.

재료

오이 2개
부추 1줌(40g)
양파 1/2개
당근 1/4개
굵은소금 1큰술

양념

유기농 고춧가루 2큰술
다진 마늘 1작은술
무첨가 멸치액젓 1큰술

만드는 법

1. 깨끗이 씻은 오이를 4~5cm 길이로 잘라 각 조각을 4등분한 뒤 큰 볼에 넣고 굵은소금 1큰술을 뿌려 20분간 절인다.
2. 부추와 당근은 오이와 동일한 길이로 자르고 당근은 채 썬다. 양파 역시 가늘게 채 썰어 준비한다.
3. 큰 볼에 양념 재료를 모두 넣고 잘 섞는다.
4. 절인 오이를 차가운 물에 2~3번 헹군 뒤 양념을 만들어둔 볼에 넣고 손질한 부추, 양파, 당근을 추가해 함께 잘 버무린다.
5. 용기에 담아 냉장 보관한다.

홀썸팁 --

♡ 부추는 쉽게 뭉개지므로 손의 힘을 빼고 살살 버무려주세요.
♡ 오이김치는 물이 쉽게 생기기 때문에 소량으로 만들어 빠르게 소진하는 것이 좋아요.

케이준 치킨 원 팬 라이스

케이준 시즈닝은 미국 남부 루이지애나 지방 고유의 맛을 살린 시즈닝으로 파프리카를 주재료로 하여 만들어요. 이국적이고 독특한 향신료의 맛과 향이 치킨과 잘 어울려 닭고기를 마리네이드한 뒤 원 팬 라이스에 활용했어요. 한번 먹으면 다양한 향신료의 조합을 느낄 수 있는 케이준 시즈닝의 매력에 빠질 거예요.

재료

동물복지 또는
유기농 닭정육 500g
유기농 백미 1컵
유기농 파프리카 1개
양파 1/2개
다진 마늘 1작은술
생수 또는 닭육수 조금
다진 쪽파 1큰술 또는
이탈리안 파슬리 1대(토핑용)

마리네이드 양념

케이준 스파이스 시즈닝 1큰술
올리브오일 2큰술
소금 조금

만드는 법

1. 큰 볼에 닭다리살과 마리네이드 양념을 넣고 잘 버무린 뒤 30분간 냉장고에 재워둔다.
2. 파프리카와 양파는 잘게 다진다. 마리네이드한 닭 중 2덩이(200g)를 따로 빼 가로세로로 2cm 크기로 잘게 다진다.
3. 백미는 흐르는 물에 여러 번 씻은 뒤 10분간 물에 불린다.
4. 예열한 프라이팬에 자르지 않은 닭정육을 앞뒤로 뒤집으며 노릇하게 굽는다. 닭이 모두 익으면 그릇에 옮기고 닭을 구운 프라이팬에 잘게 자른 닭고기, 다진 양파와 파프리카, 다진 마늘을 넣고 중불에서 2~3분간 볶는다.
5. 프라이팬에 불린 쌀을 추가하고 가볍게 볶으며 소금 간을 한다. 쌀이 살짝 잠길 정도로 생수나 닭육수를 붓고, 미리 구워 따로 빼둔 닭정육을 올린 뒤 뚜껑을 닫아 약불에서 20분간 익히다가 불을 끄고 5분간 뜸을 들인다.
6. 뚜껑을 열고 토핑용으로 잘라둔 쪽파나 이탈리안 파슬리를 뿌려 요리를 마무리한다.

버섯 들깨옹심이

옹심이는 재료와 모양이 서양의 뇨끼와 비슷한 구석이 있지요. 한식에서는 옹심이를 보통 국물 요리에 넣지만, 뇨끼 대신 옹심이를 활용하면 무척 색다른 요리가 탄생합니다. 양송이 버섯의 독특한 식감과 향이 들깨 향과 어우러진 맛있는 채식 한 끼를 즐길 수 있는 메뉴입니다.

재료

국내산 감자 옹심이 1컵
양송이버섯 6개
미니 새송이버섯 6개
느타리버섯 1/2컵

양념

국산 들깻가루 1큰술
다진 마늘 1작은술
한식간장 1작은술
올리브오일 1큰술
생들기름 1작은술
소금 조금

만드는 법

1. 양송이버섯과 미니 새송이버섯, 느타리버섯은 모두 먹기 좋은 크기로 자른다.
2. 예열한 프라이팬에 올리브오일을 두르고 잘라둔 버섯과 다진 마늘을 넣어 볶다가, 버섯이 부드러워지면 옹심이를 추가해 한식간장으로 간을 하고 잘 섞으며 볶는다.
3. 뚜껑을 닫고 중약불에서 옹심이가 부드러워질 때까지 익힌다. 이때 옹심이를 바닥에 두지 말고 버섯 위쪽에 두어 바닥에 눌어붙지 않게 한다. 옹심이가 말랑하게 익으면 맛을 보며 소금으로 간을 더한다.
4. 불을 끄고 들깻가루를 뿌려 골고루 섞은 뒤 마지막으로 생들기름을 두르고 그릇에 옮겨 담아 요리를 완성한다.

홀썸팁

⊘ 감자 옹심이보다 버섯을 듬뿍 넣어 탄수화물의 양을 조절하세요.
⊘ 국내산 감자 옹심이는 한살림 제품을 활용하고 있습니다.
⊘ 들깻가루나 들기름은 열에 약하니 요리를 끝낸 후 마지막에 뿌려주세요. 들기름은 쉽게 산패될 수 있으니 구입 후 빨리 소진하는 것이 좋아요.

당근사과양배추 샐러드

최근 SNS에서 유행하는 당근과 사과, 양배추를 착즙해 만든 건강 주스의 재료를 그냥 잘라 샐러드 형태로 먹어도 좋겠다는 생각에 만든 메뉴입니다. 덕분에 양배추와 당근의 아삭한 식감과 사과의 달콤함이 조화로운 색다른 샐러드가 완성되었어요.

재료

유기농 사과 1/2개
당근 1/2개
양배추 1/4개
이탈리안 파슬리 3~4줄기

드레싱

레몬 머스터드 비니그레트
(172 쪽 참고)

만드는 법

1. 사과와 당근, 양배추는 깨끗이 씻어서 껍질째 채 썬다. 이탈리안 파슬리는 잘게 다진다.
2. 큰 볼에 채 썬 당근, 사과, 양배추, 이탈리안 파슬리를 넣고 레몬 머스터드 비니그레트 드레싱을 부어 잘 섞는다.
3. 그릇에 옮겨 담아 요리를 완성한다.

홀썸팁 --

⊘ 사과는 껍질째 사용하기 때문에 유기농 사과를 구입하는 게 좋아요.
⊘ 취향에 따라 다진 견과류를 추가해도 좋습니다.

그린 샥슈카

샥슈카는 빨간 토마토소스 위에 반숙 달걀을 올린 중동 요리로 '에그인헬'이라는 이름으로 많이 알려져 있지요. 하지만 이 요리의 베이스로 토마토를 사용해야 할 필요는 없습니다. 집에 있는 다른 채소로도 얼마든지 샥슈카의 베이스를 만들 수 있어요. 이번 레시피에서는 토마토 대신 방울양배추와 시금치를 활용해 그린 샥슈카를 만들었어요.

재료

브로콜리 라이스 1컵 (68쪽 참고)
방울양배추 1컵
유기농 시금치 1컵
양파 1/4 개
동물복지 유정란 3~4개
이탈리안 파슬리 1~2줄
다진 마늘 1작은술
소금과 후추 조금

만드는 법

1. 방울양배추와 시금치는 씻어서 먹기 좋은 크기로 잘게 자른다. 양파와 이탈리안 파슬리도 잘게 다져 준비한다.

2. 예열해 둔 프라이팬에 올리브오일을 두르고 다진 양파와 다진 마늘을 넣고 볶다가 양파가 투명해지면 방울양배추와 브로콜리 라이스를 추가해 1~2분간 볶는다. 이때 소금으로 간을 더한다.

3. 방울양배추와 브로콜리 라이스가 부드럽게 익으면 자른 시금치를 넣고 20초간 볶은 뒤 야채 사이 작은 공간을 만들어 그 공간 안에 달걀을 깨뜨려 올린다.

4. 약불로 줄이고 뚜껑을 덮어 달걀이 반숙으로 익을 때까지 뭉근히 익힌다.

5. 올리브오일과 후추, 토핑용으로 다져둔 이탈리안 파슬리를 올려 요리를 완성한다.

홀썸팁

⊘ 방울양배추가 없다면 양배추로 대체해도 좋아요.

⊘ 다양한 재료로 샥슈카의 베이스를 만들어보세요. 저의 경우 여름에는 토마토나 옥수수, 애호박을 자주 사용하고 가을에는 단호박, 고구마, 버섯을, 겨울에는 브로콜리와 콜리플라워, 시금치를 활용합니다.

슈퍼심플 삼계탕

보통 삼계탕은 인삼 등과 같은 한방 재료를 넣고 함께 끓이지요. 닭의 잡내를 잡고 보양에 도움이 되고자 함이지만, 저는 한방 재료의 기능을 잘 모르는 데다 딱히 그 향을 좋아하지 않아 잘 활용하지 않아요. 저의 삼계탕은 닭과 대파, 양파, 마늘만 넣고 푹 끓이는 초간단 레시피지만 '가장 간단한 것이 가장 맛있다'라는 말이 생각날 만한 메뉴입니다.

재료

삼계탕용 통닭 800g
양파 1개
대파 2대(각 15cm)
마늘 8~10알
다진 쪽파 1큰술(토핑용)
물 1.5L
소금과 후추 조금

만드는 법

1. 닭은 흐르는 물에 깨끗이 씻은 뒤 꽁지와 날개를 가위로 제거하고 몸통 속을 한 번 더 씻는다. 불필요한 지방과 껍질도 제거한다.
2. 양파는 반으로 자르고 대파는 큼지막하게 자른다.
3. 큰 냄비에 손질한 닭과 잘라둔 양파와 대파, 마늘과 물 1.5리터를 넣고 강불에서 40분간 팔팔 끓이다가 중불로 내린 뒤 10분간 뭉근히 익힌다. 이때 물이 너무 졸아들었다면 물을 추가한다.
4. 닭 육수가 우러나 국물이 뽀얘지면 불을 끄고 양파와 대파, 마늘을 건져낸다. 거품이나 기름이 떠 있다면 이 또한 건어낸다.
5. 그릇에 삼계탕을 담고 소금과 후추, 다진 쪽파를 뿌려 요리를 마무리한다.

홀썸팁

⊘ 닭고기를 고를 때는 동물복지, 무항생제, 유기농 인증이 있는 것으로 선택하면 좋습니다.

굴소스 없는 해물누룽지탕

시중에 파는 해물누룽지탕은 기름에 튀긴 누룽지와 첨가물이 많이 포함된 굴소스로 만듭니다. 그런데 사실 해물의 감칠맛이 충분하기 때문에 양념을 많이 넣지 않아도 맛있는 누룽지탕을 만들 수 있어요. 튀긴 누룽지 대신 냄비밥을 만들며 얻은 홈메이드 누룽지와, 굴소스 대신 한식간장을 바탕으로 한 간단한 양념으로 더욱 건강하게 즐겨보세요.

재료

홈메이드 누룽지 1장 또는
시중 현미 누룽지 1장
손질 모둠 해물 250g
청경채 2~3개
알배추 6~7장
양송이버섯 2개
새송이버섯 2개
양파 1/4 개
대파 1대(15cm)

양념

다진 마늘 1작은술
생강가루 1작은술
국내산 감자 전분 1큰술
한식간장 1큰술
유기농 레몬즙 1큰술
물 2큰술

만드는 법

1. 깨끗이 씻은 대파는 잘게 어슷썰고 양파는 얇게 저민다. 알배추와 청경채는 먹기 좋은 크기로 듬성듬성 잘라 준비한다. 양송이버섯과 새송이버섯도 얇게 저민다.

2. 작은 볼에 양념 재료를 모두 넣고 잘 섞는다.

3. 예열한 프라이팬에 올리브오일을 두르고 썰어둔 양파를 넣어 볶다가 양송이버섯, 새송이버섯과 만들어둔 양념을 붓고 중불에서 볶는다.

4. 버섯이 부드러워지면 모둠 해물을 추가하고 다진 대파와 손질한 청경채, 알배추를 넣고 한 번 더 볶는다.

5. 그릇에 누룽지를 올리고 그 위에 해물볶음을 부어 요리를 완성한다.

설탕 없는 채소간장찜닭

일반적인 찜닭이나 닭볶음탕 레시피에서 빠지지 않는 재료가 바로 올리고당이나 설탕, 물엿과 같은 단맛을 내는 감미료지요. 하지만 이번에 소개하는 레시피에서는 양파, 고구마, 당근, 대파 등을 활용해 자연스러운 단맛을 내고, 생강가루를 활용해 닭의 비린내를 줄였어요. 앞서 소개한 재료 외에도 좋아하는 야채를 듬뿍 넣으면 채수 맛이 더 풍부해질 뿐 아니라 채소를 더 많이 섭취할 수 있습니다.

재료

동물복지 또는
유기농 닭정육 800g
고구마 2개
양파 1개
당근 1개
대파 2대(각 15cm)
통깨 1큰술
참기름 1큰술

양념

한식간장 3큰술
다진 마늘 2큰술
물 8큰술
생강가루 1작은술

만드는 법

1. 고구마, 양파, 당근, 대파는 깨끗이 씻은 뒤 한 입 크기로 자른다. 닭고기는 뜨거운 물에 담갔다가 키친타월로 물기를 제거한다.
2. 작은 볼에 양념 재료를 모두 넣고 잘 섞는다.
3. 냄비에 손질한 닭과 준비한 양념 재료를 넣은 뒤 뚜껑을 닫아 중불에서 끓이다가 손질한 채소를 추가한 뒤 다시 뚜껑을 닫고 10분간 더 익힌다. 중간중간 뚜껑을 열어 양념이 너무 졸아들 것 같으면 물을 추가한다.
4. 불을 끈 뒤 참기름을 두르고 깨를 뿌려 요리를 마무리한다.

홀썸팁

- ⊙ 취향에 따라 채소의 종류와 양을 조절하세요. 양배추나 파프리카는 자연의 단맛을 낼 수 있는 대표적인 식재료이니 참고하세요.
- ⊙ 닭고기의 냄새가 심하다면 첨가물이 없는 요리술을 소량 넣어 잡내를 잡아줍니다.
- ⊙ 간을 추가하고 싶다면 간장을 더 넣어주세요.

반숙란 퀴노아 범벅

때로는 좋아하는 재료를 함께 두기만 해도 그럴듯한 요리가 완성되곤 하지요. 달걀을 반숙으로 삶으면 촉촉한 노른자 덕분에 마요네즈 없이도 범벅의 식감을 살릴 수 있어요. 거기에 쫄깃한 퀴노아를 더하면 더욱 특별하고 든든한 아침 메뉴가 완성됩니다.

재료

동물복지 유정란 3~4개
익힌 퀴노아 1/2컵(70쪽 참고)

양념

올리브오일 1~2큰술
홀그레인 머스터드 1/3작은술
이탈리안 파슬리 1작은술
소금과 후추 조금

만드는 법

1. 달걀은 반숙으로 삶고 껍데기를 제거한다.
2. 이탈리안 파슬리는 잘게 다져 준비한다.
3. 큰 볼에 반숙란을 넣고 포크로 듬성듬성 으깬 뒤 익힌 퀴노아와 다져 둔 이탈리안 파슬리, 양념 재료를 모두 넣고 잘 섞어 요리를 마무리한다.

홀썸팁

- ♡ 달걀이 주인공인 요리인 만큼 난각번호 1번의 지방산 좋은 달걀을 선택하세요(219쪽 달걀 고르는 법 참고).
- ♡ 견과류를 잘게 으깨 뿌려 먹으면 고소함을 더할 수 있어요.
- ♡ 좀 더 부드러운 질감을 원하면 첨가물 없는 마요네즈를 추가해도 됩니다.
- ♡ 빵 위에 올려서 샌드위치 속으로 활용해도 좋고 다른 샐러드 재료와 함께 먹어도 좋습니다.

C H A P

채소를 먹는다, 채소를 즐긴다

채소가 풍부한 식사

"당근을 먹는 사람이 되려면,
그 전에 당근을 좋아하는 사람이
되어야 한다."

비 윌슨   Bee Wilson

저는 사실 채소를 싫어하는 사람이었습니다. 어린 시절 엄마는 저를 '고기 어린이'라고 부르며 채소 먹이기를 포기할 정도였어요. 매끼 밥상에서 채소를 먹어야 하는 상황을 마주할 때마다 저는 엄마에게 도대체 왜 채소를 먹어야 하냐고 묻곤 했습니다. 그때마다 대답은 똑같았습니다. '그야 채소는 몸에 좋으니까.'

하지만 어린 저에게는 충분한 대답이 되지 못했습니다. 결국 시간이 갈수록 채소라는 존재 자체가 싫어졌고, 결국 제 아들에게조차 채소를 적극적으로 권하지 못하는 엄마가 되어버렸습니다.

사실 채소가 건강하다는 개념에 사로잡혀 마치 숙제를 하듯이 마지못해 채소를 먹는 사람도 많습니다. 어른이 된 저 역시 하루 권장량에 맞춰 채소를 챙겨 먹다 며칠 만에 포기한 적이 여러 번 있습니다. 모자란 영양소는 보충제로 채우겠다 말하면서요. 하지만 채소를 먹는 일을 숙제처럼 여기다 보면 채소의 매력을 알 기회조차 없어지게 됩니다. 이런 식사는 결코 지속적이고 건강할 수 없어요.

음식 작가이자 역사가인 비 윌슨Bee Wilson은 "당근을 먹는 사람이 되려면, 그 전에 당근을 좋아하는 사람이 되어야 한다"라고 말했습니다. 채소를 많이 먹으려고 노력하면서도 채소를 즐기려고 노력하지 않는 태도를 꼬집은 말이지요.

그래서 저는 채소를 많이 먹는 방법 대신, 채소를 더 즐길 수 있는 방법에 집중했습니다. 식이섬유와 영양소 섭취에 중점을 두는 것이 아니라 채소를 더 좋아하는 방법, 더 즐기는 방법이 무엇일까 고민하기 시작했어요.

그랬더니 채소가 진짜 맛있어서 먹는 저를 발견하게 되었습니다. 지금부터는 제가 어떻게 채소를 좋아하게 되었는지 말씀드릴게요.

'고기 어린이'가
'채소 어른'이 되기까지 습관 만들기

식탁 위 채소의 비중을 높이는 가장 쉬운 방법

채소를 더 많이 섭취하기 위해 저는 집밥에서 채소 비중을 자연스럽게 늘릴 방법을 고민하기 시작했습니다. 앞서 말한 것처럼 우리는 채소를 먹는 행위에 집중할 뿐, 즐겁게 먹는 방법에 대해서는 고민하지 않아요. 하지만 채소의 맛과 향을 진정으로 즐기고 그 과정에서 자연스레 영양까지 섭취하면 우리의 식탁이 더욱 풍성하고 건강해질 수 있습니다.

저는 그 첫 단계로 평소 내가 좋아하는 맛의 종류와 조리 방법은 무엇인지, 평소 즐겨 먹는 집밥 형태는 무엇인지 파악했어요. 그래야 온전히 내가 좋아하는 방식으로 채소를 섭취할 수 있으니 말입니다. 그다음 이를 바탕으로 조리법에 다양한 변화를 주었습니다. 낯설게 느껴졌던 향신료 사용도 주저하지 않았어요. 생각지도 못한 채소와 향신료의 궁합이 의외로 감칠맛을 끌어올려 저만의 비법 레시피로 자리 잡기도 했습니다.

더불어 한 종류의 채소를 많이 섭취하기보다, 여러 종류의 채소를 조금씩 다양하게 섭취하는 습관을 들였습니다. 모든 채소는 저마다 품고 있는 영양소의 종류나 비율이 달라요. 식탁 위 채소의 종류를 늘리는 것만으로도 더 다양하고 풍부한 영양소를 섭취할 수 있습니다.

지금부터 제가 '고기 어린이'에서 '채소 어른'으로 자연스럽게 변화하기 위해 활용한 다양한 습관을 소개합니다.

• 온전히 내가 좋아하는 방식으로! create my own way

가장 먼저, 내가 차리는 채소 요리가 영양학적으로 완벽해야 할 필요가 없음을 받아들였습니다. 브로콜리는 가열이 적을수록 많은 영양을 섭취할 수 있습니다. 하지만 익히지 않은 브로콜리는 딱딱하고 쓴맛이 강한 데다, 소화도 잘되지 않아요. 아무리 건강에 좋다고 해도 먹는 일 자체가 힘들었지요. 그래서 저는 브로콜리 조리법을 제가 좋아하는 방식으로 변경했습니다. 5분 이상 찐 브로콜리는 훨씬 부드러워 먹기 수월했고 그렇게 익힌 브로콜리를 활용한 파스타는 너무 맛있어서 놀라울 정도였지요. 당근도 마찬가지예요. 생으로 먹기보다 올리브오일에 살짝 볶거나 오븐에 구운 것이 훨씬 맛이 좋았습니다. 산나물은 그냥 먹는 것보다 고기와 함께 솥밥을 만드니 향과 맛이 잘 느껴졌고, 콩을 갈아 만든 소스는 그 고소함에 반할 지경이었어요. 도저히 먹기 어려운 채소는 곱게 갈아 수프나 스무디로 만들거나 베이킹 재료로 활용했습니다.

내가 어떤 방식으로 조리했을 때 더 맛있고 즐겁게 채소를 먹을 수 있는지에 집중하니 점점 더 채소를 즐거운 마음으로 찾게 되었습니다. 자연스레 채소가 제 식생활의 일부가 되었고요. 또 이러한 긍정적인 경험이 쌓이며 꾸준히 채소를 섭취할 수 있게 되었지요.

지금도 저는 무궁무진한 채소의 매력을 알아가는 단계예요. 채소를 많이 먹으려고 노력하기보다 채소를 즐기는 데 더 힘을 쓰는 중이지요. 저는 더 이상 아이에게 채소를 권할 때 "이 채소가 건강에 좋아"라는 말로 유혹하지 않아요. 제가 비장의 카드로 내미는 문장은 이렇습니다. "아들아, 채소를 이렇게 먹으니 너무 맛있어. 한번 먹어봐!"

• 채소의 종류는 최대한 다양하게

채소 섭취량을 늘리기 위해서는 무조건 많이 먹으면 되는 걸까요? 하루에 브로콜리를 3컵씩 먹는다면 우리는 건강한 식단을 유지하는 것일까요? 마이크로바이옴 전문가 팀 스펙터 박사는 여러 실험과 연구를 통해 일주일에 30가지의 식물을 섭취했을 때 장 건강 및 면역, 질병 예방에 큰 도움을 받을 수 있음을 강조했어요. 즉, 채소를 무조건 '많이' 먹기보다 '다양하게' 먹는 것이 더 중요하다는 얘기입니다. 2018년 약 1만 명의 참가자를 대상으로 한 〈미국 장 프로젝트The American Gut Project〉도 다양한 채소를 섭취한 사람의 장 안에 더 다양한 마이크로바이옴 환경이 조성되었다는 실험 결과를 보여 주었습니다.

결국 단순히 채소를 많이 먹는 것보다 다양하게 먹는 것이 장 건강에 더 중요합니다. 다양한 채소에 포함된 식이섬유가 장내 미생물의 좋은 먹이가 되기 때문입니다. 장이 건강하면 각종 염증성 질환에서 벗어날 수 있고 정신 건강에도 이롭다는 연구 결과 역시 꾸준히 발표되고 있어요.

지난 주 나의 식탁에 얼마나 다양한 채소가 올라왔는지 생각해 보세요. 혹시 똑같은 채소를 반복적으로 먹고 있진 않나요? 일주일 동안 30가지 채소를 섭취하기란 불가능하다고 생각할 수도 있습니다. 하지만 따지고 보면 이미 상당히 많은 채소가 우리 식탁 위를 차지하고 있어요. 30가지 채소가 포함되는 식품군이 상당히 넓거든요. 아래 표를 참고해 일주일 동안 내가 먹은 채소의 종류와 개수가 얼마나 되는지 확인해 보세요.

○ **30가지 채소가 포함되는 식품군**

채소 vegetable	과일 fruits	콩류 legumes	통곡물 wholegrains	견과류와 씨앗류 nuts & seeds	허브와 향신료 herb & spices
아스파라거스 브로콜리 양배추 당근 치커리 콜리플라워 시금치 주키니 고구마 등	사과 아보카도 바나나 블루베리 무화과 키위 라즈베리 토마토 등	검정콩 버터빈 병아리콩 완두콩 키드니콩 렌틸콩 등	현미 메밀 오트(귀리) 보리 카무트 조 수수 율무 등	아몬드 캐슈너트 호두 피스타치오 치아씨드 햄프씨드 참깨 들깨 등	바질 고수 민트 오레가노 로즈메리 세이지 강황 등

저는 채소의 종류를 늘리기 위해 식단을 계획하는 단계에서 다양한 변형을 줍니다. 백미를 잡곡밥으로 대체하면 이것만으로도 3~4개의 다양한 곡물을 먹을 수 있어요. 아보카도 샌드위치에 다양한 견과류를 잘게 부서 올리거나 좋아하는 허브 가루 또는 생허브를 다져서 뿌리는 것으로도 섭취하는 채소의 종류를 늘릴 수 있습니다. 요리의 풍미를 올리기 위해 그냥 볶기보다 마늘, 파, 양파와 같은 파속 채소를 추가해 함께 조리하거나, 간식으로 빵이나 과자보다는 견과류나 과일을 먹는 것도 마찬가지입니다. 이렇게 의식적으로 채소의 종류를 넓히다 보면 생각보다 어렵지 않게 일주일에 30가지의 다양한 채소를 먹을 수 있습니다.

• **채소를 맛있게 만드는 아홉 가지 작은 습관**

매번 새로운 의지를 다지기보다 늘 반복하는 '습관'을 형성하는 것이 더 큰 변화를 가져온다고 하지요. 실제로 성공하는 사람은 인내하지 않아도 행동할 수 있는 상황을 만들어놓은 뒤 꾸준히 그 습관을 이어나간다고 해요. 채소를 많이 먹는 습관도 사고방식, 마음가짐, 생활 습관 등 반복적인 상황 속에서 실천할 때 더 쉽게 생활에 자리 잡게 만들 수 있습니다.

- **채소가 주인공이 되는 요리**: 과거 저는 채소를 고기의 보조 역할이라고 생각했습니다. 그런데 언젠가 요리의 주와 부를 바꿔보기로 마음먹었어요. 고기가 아니라 채소가 주인공이 되도록 재료의 양과 양념의 구성을 변경한 것이지요. 제육볶음이나 불고기를 만들 때 고기는 아주 조금, 대신 채소를 잔뜩 넣는 식으로요. 그랬더니 거부감 없이 많은 양의 채소를 먹는 저를 발견했습니다.
원래 고기가 주인 요리를 고기 없이 만드는 것도 재미있는 일입니다. 볼로네즈를 만들 때 고기 대신 다양한 채소를 다져 넣는다거나, 제육볶음 양념에 고기 없이 양배추만 볶는 등 채소를 중심으로 음식을 만들어보세요. 요리의 주인공이 채소라는 생각의 전환을 꼭 시도해 보길 바랍니다.
- **고기 없는 월요일**Meat-free Monday: 일주일에 하루는 고기를 먹지 않는 날로 정해보세요. 저는 주로 월요일에 채소 중심의 식사를 합니다. 주말에는 외식할 확률이 높은 데다가 주말 동안 지친 소화기관의 독소를 제거하는 데에도, 또 새로운 한 주를 시작하는 날인 만큼 새롭게 의지를 다지는 데에도 좋은 날이라 더욱 적절해요.
- **허브 향신료와 드레싱 활용**: 허브와 향신료는 맛과 풍미를 끌어올릴 뿐 아니라 건강에도 이롭습니다. 혈당 관리·항산화·암 예방·소화 개선·혈행 개선의 효과도 있고, 장내 미생물의 좋은 먹이가 되어주기도 하지요. 신선한 허브를 샐러드에 추가하는 것도 채소를 더 맛있게 즐길 수 있는 치트 키가 되기도 해요. 제가 늘 먹기 거북해하던 채소가 있었는

데, 허브를 왕창 넣은 드레싱을 뿌려 정말 맛있게 먹은 경험도 있어요. 허브 향신료와 이를 활용한 드레싱을 적극 활용해 보세요.

- **밀프렙**: 마트에서 채소를 사서 그대로 냉장고에 넣어뒀을 때 실제로 먹기까지 막막한 기분을 느껴본 적 있나요? 채소는 씻고 자르는 과정이 귀찮아 며칠째 냉장고에 방치해 두기 십상이지요. 그러니 채소를 사 온 다음, 곧장 간단한 세척과 손질을 마치고 잘 보이는 용기에 담아 보관하세요. 확실히 요리에 채소를 활용하기가 쉬워집니다. 이 부분은 1장의 밀프렙 부분에서 자세히 설명했으니 참고하세요.

- **채소 정기 배달 서비스**: 채소가 익숙하지 않은 사람은 막상 마트에 가도 어떤 채소를 사야 할지부터 고민하지요. 그럴 땐 채소 정기 배달 서비스를 이용하는 것도 좋은 방법입니다. 원하는 주기에 맞춰 다양한 제철 채소를 보내주는 채소 정기 배달 서비스를 통해 다양한 제철 채소를 편하게 구할 수 있어요. 저는 어글리어스라는 친환경 채소 정기 배달 서비스를 이용하고 있어요. 채소와 동봉된 레시피를 활용해 새로운 채소 요리를 해보기도 한답니다. 이 서비스를 이용하다 보면 늘 먹는 채소만 먹는 습관도 개선되고, 새로운 채소의 매력도 알 수 있어 일석이조의 효과가 있지요.

- **제철 채소 알람**: 제철 채소의 영양과 맛은 보약과 같습니다. 그래서 저는 매달 1일에 자주 보는 전자기기에 제철 채소를 적어두고 때에 맞추어 구매하려고 노력해요. 이렇게 계절에 맞는 채소를 구매하다 보면 자연스레 새로운 채소를 먹을 기회를 늘릴 수 있어요.

- **냉동 채소**: 신선한 야채를 먹는 게 제일 좋겠지만, 시간이 부족하고 다듬는 과정이 너무 번거롭다면 냉동 채소, 혹은 데친 냉동 나물이 훌륭한 대안이 될 수 있습니다. 다듬어서 급속 냉동하면 영양소 파괴가 거의 없고 식감만 조금 떨어질 뿐이거든요. 게다가 가격도 저렴하고 조리 시간도 단축시키니, 더 많은 채소를 맛보는 데 도움이 될 거예요.

- **채소 베이킹**: 단호박, 고구마, 당근과 같은 뿌리채소는 단맛을 머금고 있고 질감이 부드러워 베이킹에 활용하기 좋은 재료예요. 대파, 연근, 우엉, 브로콜리, 돼지호박도 쪄서 으깨면 다양한 베이킹 메뉴에 활용할 수 있습니다. 베이킹은 아이들에게 채소를 거부감 없이 쉽게 먹이기에도 좋은 방법이니 한번 시도해 보세요.

- **아침 채소찜 습관**: 자기 전에 채소를 미리 씻어두고 아침에 일어나자마자 찜기에 쪄 내는 것으로 하루를 시작해 보세요. 정제탄수화물 비중이 높은 식빵이나 죽, 설탕 함량이 높은 시리얼 같은 아침 메뉴보다 훨씬 더 큰 포만감을 줄 뿐만 아니라 하루 종일 식욕을 안정적으로 관리할 수 있어요. 게다가 아침으로 채소찜을 먹으면 점심이나 저녁에 채소가 부족하더라도 하루 채소 섭취량을 자연스럽게 채울 수도 있답니다. 채소찜의 맛이 좋지 않거나 거북하다면 다양한 디핑소스나 드레싱이 구세주가 될 수 있어요. 뒤에서 소개한 디핑소스와 드레싱 레시피를 적극 활용하길 바랍니다.

○ *Tip* 내 몸에 맞는 채소 찾기

채소를 많이 먹는 습관이 건강에 이로운 것은 맞지만, 체질이나 건강 상태에 따라 모든 채소가 내 몸에 맞는 것은 아닙니다. 생채소를 먹은 뒤 복통을 앓는 사람도 있고 소화불량으로 컨디션이 저하되는 경우도 있습니다. 이는 각 채소가 가지고 있는 특징 때문입니다.

건강에 관심이 있다면 렉틴, 옥살산, 포드맵, 피트산, 히스타민 등의 단어를 들어본 적이 있을 거예요. 모두 채소에 포함된 물질의 이름으로, 이들의 특징에 따라 나에게 이로운 채소와 섭취를 제한해야 하는 채소를 구분할 수 있습니다. 시금치는 옥살산이라는 화학물질이 많이 포함되어 과도하게 섭취할 경우 갑상선 기능 저하 및 신장결석을 유발할 수 있습니다. 가짓과 채소에는 식물에 존재하는 단백질인 렉틴 성분이 높아 과도하게 섭취한 경우 소화 문제를 일으키고 영양소 흡수를 저하하며 식중독 증상을 겪을 수도 있어요. 포드맵은 식품에 함유된 특정 탄수화물의 종류로, 일부 사람들의 소화기관을 자극할 수 있습니다. 양파, 마늘, 콩, 케일 등이 포드맵을 많이 함유하는 채소이기 때문에 장이 예민하다면 섭취를 피하는 게 좋습니다.

여러 채소를 먹어본 뒤 자신과 맞지 않는다고 판단되면 당분간 섭취를 피하거나, 조리 방법을 바꿔 일부 성질을 제거한 뒤 먹는 게 좋습니다. 특히 질환을 앓고 있는 경우 의사와 상의 후 채소를 선별해 먹는 것이 좋겠지요. 내 몸의 상태에 따라 나에게 맞는 채소를 찾아나가는 것도 건강한 집밥을 위한 방법입니다.

채소의 변신은 무죄,
무궁무진한 채소 조리법

다양한 채소 활용 요리

채소를 활용한 요리는 셀 수 없이 많습니다. 하지만 실제로는 자주 먹는 나물이나 샐러드만 먹는 경우가 많아요. 새로운 채소를 마주할 때면 "어떻게 요리하지? 이걸로 뭘 해 먹지?"라는 생각에 막막할 때도 있지요. 지금부터는 그럴 때마다 제가 활용하는 다양한 채소 요리법과 원리를 소개합니다.

저는 채소를 주인공으로 요리할 때 다음 그림처럼 여러 카테고리로 조리법을 나누어 생각해요. 각 카테고리에 포함된 조리법의 기본 원리를 알면 이를 응용해 얼마든지 다양한 메뉴로 확장할 수 있거든요. 이를 통해 맛있는 채소 요리를 무궁무진하게 만들 수 있으니 참고해 봅시다.

○ 채소를 활용한 다양한 조리법

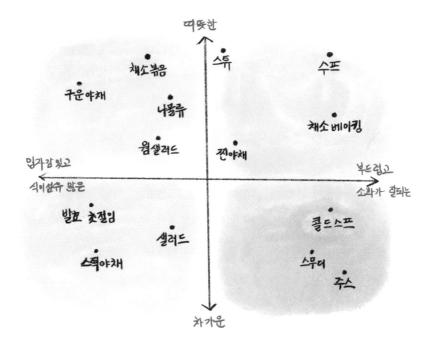

• 채소 수프

채소 수프는 따뜻한 형태의 메뉴로 입자를 곱게 갈아 소화에도 좋아요. 저는 종종 제철 채소를 활용한 수프를 아침으로 먹곤 하는데요. 수프야말로 아침에는 든든하고 저녁에는 위안이 되는 메뉴라고 생각합니다. 수프를 미리 만들어 냉장고에 넣어두면 3~5일은 거뜬히 식사를 해결할 수 있으니, 집밥을 더욱 쉽게 만들어주는 고마운 메뉴이기도 합니다.

저는 채소 수프를 만들 때 정확한 레시피를 기억하고 적용하는 대신 다음과 같은 기본 원리를 바탕으로 요리를 완성해요. 덕분에 레시피에만 의존하지 않고 다양한 재료를 활용한 요리를 자유롭게 완성할 수 있어요. 다음은 채소 수프를 만드는 4단계 기본 원리입니다. 익혀두고 나만의 조리법으로 발전시켜 보세요.

- **1단계**: 수프의 주재료인 채소를 고릅니다. 이왕이면 맛과 영양이 가득한 제철 채소가 좋겠지요. 잎채소만으로는 수프를 완성하기 어려우니 뿌리채소와 십자화과채소를 함께 활용합니다. 마늘과 양파를 함께 활용하면 자연스러운 단맛을 내기 좋아요.
- **2단계**: 수프 입자 크기를 결정해 주세요. 덩어리가 있는 상태로 떠먹을지, 모두 곱게 갈아낼 것인지 결정합니다. 소화 기능이 약한 아이와 함께 먹을 때는 초고속 블렌더를 활용해 곱게 갈아서 만듭니다.
- **3단계**: 재료의 조리법을 결정합니다. 조리법은 크게 굽거나, 볶거나, 찌는 세 가지 방법이 있습니다. 선택한 방식대로 채소를 익힌 다음에는 육수를 추가해 함께 끓입니다. 이때 채수나 닭육수, 사골육수 등 원하는 것을 선택하세요. 만약 크리미한 질감을 원한다면 코코넛 밀크와 같은 식물성 우유를 활용해도 좋아요. 콜리플라워나 감자를 활용하면 질감이 되직해 크림과 같은 식감을 표현할 수 있으니 유제품 섭취를 자제하는 분이라면 참고하세요.
- **4단계**: 향신료를 활용해 단조로울 수 있는 수프에 특별한 맛을 더합니다. 바질, 생강, 강황, 시나몬, 넛맥 등 다양한 향신료를 첨가하는 것만으로도 더욱 향기롭고 특별한 수프가 완성될 거예요.

채소 수프 만드는 과정

1. 재료선정 → 2. 입자크기 결정 → 3. 조리법 선택 → 4 향신료 토핑

• 채소 스무디

스무디도 수프와 마찬가지로 한 끼를 책임지는 든든한 메뉴지요. 식감이 부드럽고 먹기도 쉬워 소화하기에도 좋아요. 이미 너무나 많은 스무디 레시피가 있지만, 스무디 역시 특정 레시피를 따르기보다 기본 원리만 파악하면 나에게 맞는 레시피를 개발할 수 있어요.

보통 스무디를 이루는 구성 요소는 액체류, 채소, 감미료(과일), 지방, 보충제 총 5개입니다. 하지만 이 요소를 모두 포함할 필요는 없으며 스무디를 먹는 목적과 상태에 따라 가감할 수 있어요. 렉틴 함량이 높은 채소가 몸에 맞지 않을 수도 있고, 고포드맵 채소가 맞지 않을 수도 있으며, 혈당 관리가 필요하다면 과일을 생략할 수 있습니다. 저는 혈당 관리에 신경을 쓰는 편이라 단맛을 위해 과일보다는 아보카도와 베리류를 사용합니다. 또 생채소를 먹으면 배에 가스가 차기 때문에 찐 채소를 활용해 소화를 도와요. 제 몸의 상태를 살펴 보충제를 추가하기도 하고, 고소함을 더하고 싶을 때는 견과류나 넛버터를 추가할 때도 있습니다.

아래 스무디의 구성 요소별 재료를 소개합니다. 스무디의 구성 원리도 한눈에 파악할 수 있으니 참고해 나만의 스무디 레시피를 만들어보세요.

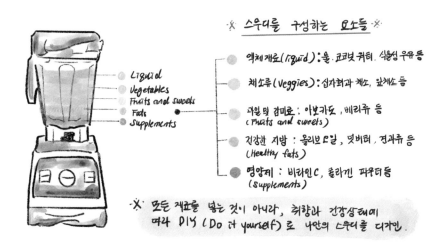

✕ 스무디를 구성하는 요소들 ✕

- 액체재료(liquid) : 물, 코코넛 워터, 식물성 우유 등
- 채소류(Veggies) : 섬자취과 채소, 잎채소 등
- 과일 및 감미료 : 아보카도, 베리류 등 (fruits and sweets)
- 건강한 지방 : 올리브오일, 넛버터, 견과류 등 (Healthy fats)
- 영양제 : 비타민C, 콜라겐 파우더 등 (supplements)

✕ 모든 재료를 넣는 것이 아니라, 취향과 건강상태에 따라 DIY (Do it yourself) 로 나만의 스무디를 디자인.

• 볶음, 찜, 구이, 나물

생채소를 먹으면 배에 가스가 차고 소화가 잘되지 않는데도 생채소가 건강에 좋다는 생각에 섭취를 계속하는 경우가 있습니다. 하지만 이는 생채소가 몸에 잘 받지 않는 경우이니 무리하지 말고 익혀 먹기를 추천합니다. 소화가 잘되지 않는 식사는 건강하지 못한 것이니 몸과 채소의 궁합을 잘 살펴 조리법을 선택하세요.

채소를 조리하는 방법은 매우 다양합니다. 다만 너무 높은 온도에서 조리하면 영양소가 파괴될 수 있고, 튀기는 경우에는 트랜스지방이 발생하니 피하는 것이 좋아요. 저는 주로 찌거나 볶는 방식을 활용합니다.

채소를 볶을 때 중요한 요소가 있는데요. 바로 요리에 활용하는 기름입니다. 저는 주로 엑스트라 버진 올리브오일을 사용해요. 만약 기름을 사용하는 것이 부담스럽다면 기름 없이 물을 이용해도 좋습니다. 소량의 물을 넣고 뚜껑을 덮은 뒤 약불에 찌듯이 익히는 방식인데, 이 방식으로 익히면 채소의 맛과 식감이 더 살아나요. 콩나물, 숙주, 시금치를 이렇게 물로 찌듯이 볶아 익힌 뒤 간단한 양념과 함께 무쳐 먹으면 이만큼 간단하고 맛난 반찬이 없습니다.

채소의 영양을 최대한 살리기 위한 조리법은 단연 찜입니다. 앞서 언급했듯 아침을 채소찜으로 시작하면 장점이 정말 많아요. 전날 채소를 간단히 손질해 두고 아침에는 야채를 익히기만 하면 든든한 아침이 완성된답니다.

• 샐러드

채소 요리의 대표적인 메뉴는 샐러드지요. 저도 일주일에 두세 번은 샐러드로 식사를 하는데요. 생채소에서 느껴지는 신선함이 좋기도 하고 채소의 식이섬유 덕분에 장 건강에도 도움이 돼요. 특히 시중의 첨가물이 많이 포함된 드레싱이 아닌, 좋은 재료로 직접 만든 드레싱을 곁들이면 그 맛과 영양 면에서 비교할 수 없을 만큼 품격 있는 샐러드가 완성됩니다.

샐러드 역시 기본 원리만 깨치면 레시피와 상관없이 나만의 샐러드를 완성할 수 있습니다. 냉장고에 있는 여러 재료를 조합해 만들어보세요. 접시를 캔버스라 생각하고 재료의 색감, 식감, 영양 구성을 고려해 그림을 그리듯 구상해 봅시다.

샐러드를 구성하는 재료는 크게 세 가지 구성으로 분류할 수 있습니다. 채소와 과일, 동·식물성 단백질, 여러 곡류와 같은 메인 재료가 첫 번째, 그다음은 드레싱, 마지막으로 샐러드에 맛과 풍미를 선사할 토핑과 허브예요. 생채소를 그대로 사용한 콜드 샐러드cold salad와 볶거나 쪄서 만든 웜 샐러드warm salad 모두 이 세 가지 구성을 기본으로 합니다.

저는 단백질 재료로 병아리콩, 렌틸콩, 두부 그리고 닭고기를 자주 사용하고, 해산물로는 오징어와 관자, 새우와 문어를 사용해요. 토핑용 견과류로는 아몬드와 피스타치오, 캐슈너트, 호두, 잣 등 국내외 유기농 견과류를 볶거나 생것 그대로 뿌려요. 가끔은 견과류 대신 현미 누룽지를 부셔서 넣기도 하는데, 그 바삭함이 샐러드와 잘 어울려서 적극 추천합니다.

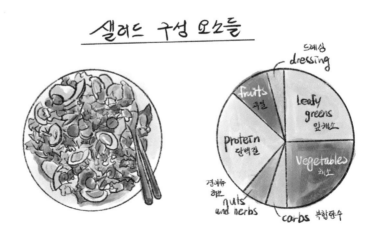

마지막으로 샐러드의 맛을 결정하는 드레싱은, 단언컨대 시중 제품보다 직접 만들어 먹는 편이 훨씬 신선하고 맛이 좋습니다. 샐러드는 어떤 드레싱을 활용하느냐에 따라 그 맛과 매력이 완전 달라지거든요. 엑스트라 버진 올리브오일을 베이스로 한 산뜻한 비니그레트부터, 아보카도, 두부, 넛버터를 이용한 크리미한 드레싱까지 집에서 만들 수 있는 홈메이드 드레싱의 매력은 무궁무진합니다. 아래 제가 자주 활용하는 드레싱을 소개합니다. 모든 재료를 넣고 잘 섞기만 하면 완성이니 꼭 집에서 활용해 보세요.

○ 홀썸 샐러드 드레싱

비니 그레트	레몬 머스터드 비니그레트	올리브오일 1/3컵(80ml) + 레몬즙 30ml + 홀그레인 머스터드 1/2작은술 + 다진 마늘 1/2작은술 + 소금과 후추
	애플 사이다 비니거 비니그레트	올리브오일 1/3컵(80ml) + 애플 사이다 비니거 30ml + 홀그레인 머스터드 1/2작은술 + 다진 마늘 1/2작은술 + 소금과 후추
	유자 비니그레트	올리브오일 1/3컵(80ml) + 유자청 1큰술 + 레몬즙 20ml + 소금과 후추
	발사믹 비니그레트	올리브오일 1/3컵(80ml) + 발사믹식초 30ml + 홀그레인 머스터트 1/3작은술 + 소금과 후추
크리미 드레싱	아보카도 드레싱	아보카도 1개 + 올리브오일 1/4컵(60ml) + 레몬즙 2큰술 + 물 1/5컵 + 소금과 후추
	두부 아몬드 드레싱	두부 1/2모 + 아몬드 버터 2큰술 + 한식간장 1작은술 + 참기름 1작은술 + 물 3큰술 + 다진 마늘 1작은술 + 소금과 후추
	땅콩버터 드레싱	땅콩버터 1/4컵 + 한식간장 1작은술 + 레몬즙 2큰술 + 참기름 1작은술 + 다진 마늘 1작은술 + 물 4큰술 (* 첨가물 없는 100% 땅콩버터를 사용해 주세요.)

크리미 드레싱	캐슈너트 드레싱	불린 캐슈너트 1컵(240ml) + 한식간장 1/2작은술 + 레몬 즙 1큰술 + 다진 마늘 1/2작은술 + 물 1/2컵 + 이탈리안 시즈닝
기타 드레싱	타히니 드레싱	타히니 1/4컵 + 디종 머스터드 1작은술 + 레몬즙 60ml + 다진 마늘 1작은술 + 따뜻한 물 2큰술
	생들기름 드레싱	생들기름 2큰술 + 한식간장 1/2큰술 + 들깻가루 1작은술 + 레몬즙 1/2큰술
	치미추리 소스	올리브오일 1/2컵(120ml) + 사과식초 2큰술 + 다진 파슬리 2/3컵 + 오레가노 1/2작은술 + 다진 양파 1큰술 + 다진 홍 고추 2개 + 다진 마늘 1작은술 + 소금과 후추
	페스토 드레싱	올리브오일 1큰술 + 바질 페스토 1큰술 + 물 1큰술 + 소금 과 후추

• 채소 베이킹

저는 글루텐과 유제품을 포함하지 않은 빵을 집에서 가끔 만들어 먹곤 하는데요. 자연스레 채소를 활용한 베이킹 레시피를 고민하게 되었습니다. 실제로 고구마나 감자, 브로콜리, 당근, 단호박 등 뿌리채소나 십자화과채소는 베이킹에 매우 잘 어울려 이러한 재료를 활용한 시중 레시피도 많아요. 채소를 활용해 베이킹할 때 가장 큰 장점은 채소의 식감이나 향이 약해지기 때문에 채소에 거부감을 느끼는 아이들도 쉽고 맛있게 먹을 수 있다는 점이니 채소 섭취가 부담스럽다면 시도해 보세요.

저는 채소를 많이 먹으려고 노력하기보다,
채소를 더 즐기는 데 힘을 쓰는 중이에요.
그래서 저는 아이에게 채소를 권할 때
"이 채소가 건강에 좋아"라는 말로 유혹하지 않아요.
제가 비장의 카드로 내미는 문장은 이렇습니다.
"아들아, 이 채소를 먹으니 너무 맛있어!"

아보카도 콜리플라워 레몬스무디

좋은 지방을 포함하고 있으며, 혈당을 많이 올리지 않고, 맛과 질감까지 훌륭한 스무디 재료는 단연 아보카도입니다. 먹기 힘든 채소 스무디도 아보카도만 넣으면 특유의 부드러운 식감 덕분에 더 맛있게 먹을 수 있어요. 더불어 스무디가 달아야 한다는 고정관념을 버리세요. 대신 담백하고 크리미한 이번 스무디 레시피의 매력을 느껴보길 바랍니다.

재료

아보카도 중과 1개
콜리플라워 1/2송이
유기농 레몬즙 1큰술
물 2컵
볶은 아몬드 1줌(선택)

만드는 법

1. 아보카도는 잘 후숙된 것으로 골라 껍질을 벗기고 씨를 제거한다. 콜리플라워는 깨끗이 씻고 작은 꽃송이 크기에 맞춰 자른다.
2. 손질한 콜리플라워를 중약불에서 5분간 찌다가, 부드럽게 익으면 꺼내서 한 김 식힌다.
3. 초고속 블렌더에 손질한 아보카도, 익힌 콜리플라워와 레몬즙, 물을 넣고 곱게 간다. 이때 고소한 맛을 더하고 싶으면 볶은 아몬드를 추가한다.
4. 곱게 갈린 스무디를 컵에 담아 마무리한다.

홀썸팁

- 만들어둔 스무디는 냉장고에서 2~3일 정도 보관 가능합니다.
- 아보카도와 콜리플라워는 미리 손질한 뒤 소분해 냉동 보관하면 더욱 빠르고 편리하게 스무디를 만들 수 있어요.
- 완성된 스무디를 하루에 한 번 아침 식사로, 또는 간식으로 즐겨보세요.

꽈리고추 느타리버섯볶음

손쉽게 빨리 만들 수 있는 밑반찬이 필요하다면 이 메뉴가 좋은 선택지가 될 수 있어요. 고소한 느타리버섯에 꽈리고추로 매콤한 향을 입혔습니다. 자칫 느끼하거나 단조로울 수 있는 느타리버섯볶음에 꽈리고추가 신선한 매력을 더해줘요.

재료

국산 느타리버섯 200g
유기농 꽈리고추 150g
양파 1/2개
생들기름 1큰술
통깨 1작은술

양념

한식간장 1큰술
무첨가 멸치액젓 1/4큰술
다진 마늘 1작은술
자른 유기농 홍고추 1큰술(선택)

만드는 법

1. 꽈리고추는 꼭지를 제거하고 양파는 얇게 저민다. 느타리버섯은 먹기 좋은 크기로 찢어 준비한다.
2. 작은 볼에 양념 재료를 모두 넣고 잘 섞는다.
3. 예열한 프라이팬에 올리브오일을 두르고 꽈리고추, 느타리버섯, 양파 그리고 양념을 한꺼번에 넣고 버섯이 부드러워지고 재료에 양념이 밸 때까지 볶는다.
4. 그릇에 옮겨 담은 뒤 생들기름과 통깨를 뿌려 요리를 마무리한다.

홀썸팁

⊘ 느타리버섯 대신 참타리버섯을 활용해도 좋아요.
⊘ 매운 향이 싫다면 홍고추는 제외해도 좋습니다.

채소찜을 위한 네 가지 디핑소스

채소를 더 맛있게 즐길 수 있도록 도와주는 것이 바로 드레싱이나 디핑소스입니다. 풍미가 좋은 디핑소스가 야채의 맛을 새롭게 만들고, 부족한 영양도 채워주니 지금 소개하는 네 가지 소스를 취향에 따라 선택해 시도해 보세요. 다양한 디핑소스와 함께라면 채소찜 먹는 습관이 더욱 즐거운 일이 될 수 있습니다.

아보카도허브 딥

재료

아보카도 중과 1개
고수 또는 바질 10g
다진 마늘 1/2작은술
올리브오일 2큰술
유기농 레몬즙 1큰술
물 조금
소금과 후추 조금

만드는 법

작은 볼에 모든 재료를 넣고 핸드 블렌더로 곱게 간다. 물을 가감해 질감을 맞춰 완성한다.

피넛버터 딥

재료

땅콩버터 1/2컵
유기농 레몬즙 1큰술
한식간장 1/2큰술
물 조금

만드는 법

작은 볼에 모든 재료를 넣고 잘 섞는다. 물을 가감해 질감을 맞춰 완성한다.

피넛후무스 딥

재료

익힌 병아리콩 1컵
(70쪽 참고)
피넛버터 2큰술
홀그레인 머스터드
1작은술
올리브오일 4큰술
물 조금
소금과 후추 조금

만드는 법

모든 재료를 초퍼에 담고 곱게 간다. 물을 가감해 질감을 맞춰 완성한다.

두부참깨 딥

재료

두부 1/2모
통깨 1작은술
참기름 1큰술
한식간장 2작은술
물 조금

만드는 법

끓는 물에 두부를 3분간 데친 뒤, 작은 볼에 모든 재료를 넣고 핸드 블렌더로 곱게 간다. 물을 가감해 질감을 맞춰 완성한다.

홀썸팁

⊘ 구운 채소, 찐 채소, 볶은 채소 모두 함께 곁들여 먹기 좋은 소스입니다. 다양하게 활용해 보세요.

구운 토마토 채소 수프

토마토 수프를 만드는 방법은 다양하지만 이 레시피야말로 가장 빠르고 쉽게, 그리고 맛있게 만드는 방법일 거라 생각합니다. 깨끗이 손질한 토마토와 채소를 오븐에 굽고 갈기만 하면 완성이거든요. 구운 채소의 깊은 단맛과 감칠맛에 더해 토마토의 상큼함까지 느껴지는 이번 레시피를 꼭 맛보길 바랍니다.

재료

완숙 토마토 4개
당근 1/2개
유기농 빨간 파프리카 1/2개
양파 1/2개
바질 2~3장
월계수 잎 1장
오레가노 가루 1/3큰술
다진 마늘 1큰술
올리브오일 2큰술
소금과 후추 조금
다진 견과류 조금(토핑용)

만드는 법

1. 당근과 파프리카, 양파를 깨끗이 씻은 뒤 손가락 하나 크기로 듬성듬성 자른다. 토마토는 꼭지를 제거하고 십자가 모양으로 칼집을 낸다.
2. 오븐용 트레이에 바질과 견과류를 제외한 모든 재료를 올리고 올리브오일을 두른 뒤 200도로 예열한 오븐에서 30~40분간 굽는다.
3. 잘 익은 재료와 남겨두었던 바질을 모두 블렌더에 넣고 곱게 간다. 이때 맛을 보며 소금과 후추로 간한다.
4. 그릇에 수프를 담고 다진 견과류와 올리브오일을 한 바퀴 둘러 요리를 완성한다.

홀썸팁

- 완성된 수프 위에 바질이나 파슬리 같은 생허브잎을 올리거나, 코코넛 밀크를 한 바퀴 두르면 더 예쁘고 맛있는 요리가 완성됩니다.
- 채소가 타지 않도록 오븐 온도를 확인하며 조절해 주세요.

애호박 초당옥수수파스타

대표적인 여름 식재료인 옥수수와 애호박을 활용한 메뉴입니다. 두 재료 모두 제철인 여름에 먹으면 당도와 밀도가 두세 배로 올라가는데요. 특히 초당옥수수는 단맛이 높고 껍질이 아삭해서 찰옥수수보다 훨씬 맛있어요. 여름의 싱그러움을 듬뿍 느끼고 싶다면 글루텐 프리 파스타를 이용한 이번 메뉴를 추천합니다.

재료

글루텐 프리 파스타 1인분
애호박 1/2개
국내산 초당옥수수 1/2개
미니 새송이버섯 5개
다진 마늘 1작은술
올리브오일 2큰술
한식간장 1작은술
소금과 후추 조금
파슬리 1작은술(토핑용)

만드는 법

1. 애호박은 얇게 채 썰고 미니 새송이버섯은 애호박과 같은 굵기로 자른다. 손질한 초당옥수수는 중강불에서 10~15분간 찌고 한 김 식힌 뒤, 칼을 이용해 옥수수 알갱이를 분리한다.

2. 파스타는 알덴테로 미리 삶아둔다.

3. 예열한 프라이팬에 올리브오일을 두르고 애호박과 새송이버섯, 다진 마늘을 넣어 모든 재료가 부드러워질 때까지 중불에서 볶다가 익힌 파스타를 추가해 한 번 더 볶는다. 이때 한식간장과 소금으로 간하고 마지막으로 초당옥수수 알갱이를 넣고 1분간 볶다가 불을 끈다.

4. 그릇에 옮겨 담고 건조 파슬리 가루를 뿌려 요리를 마무리한다.

홀썸팁

⊘ 옥수수는 여름 제철에 수확된 국내산 non-gmo 옥수수를 사용합니다.

두부채소전

남아 있는 채소를 활용해 만든 메뉴입니다. 브로콜리, 당근, 애호박 등 남은 채소가 무엇이든 잘게 다져 두부와 함께 전처럼 부쳐주세요. 아침 식사에 팬케이크 대신 먹어도 좋고, 반찬으로도 손색없는 메뉴입니다.

재료

두부 1모
다진 당근 2큰술
다진 애호박 2큰술
다진 브로콜리 2큰술
동물복지 유정란 1개
국산 감자전분 2큰술
마늘가루 1작은술
올리브오일 1~2큰술
소금 조금

만드는 법

1. 두부는 손이나 숟가락으로 으깬다.
2. 볼에 으깬 두부와 다진 당근, 애호박, 브로콜리와 달걀, 감자전분, 마늘가루, 소금을 넣고 잘 섞는다.
3. 예열한 프라이팬에 올리브오일을 두르고 반죽을 탁구공 크기로 덜어 올린 뒤 노릇해질 때까지 앞뒤로 잘 굽는다.
4. 그릇에 옮겨 담아 요리를 완성한다.

홀썸팁

⊘ 소개한 채소 외에 냉장고에 남아 있는 채소라면 무엇이든 활용해 만들어보세요.
⊘ 새우살이나 돼지고기 다짐육을 추가해도 맛있습니다.

레몬애호박관자 웜 샐러드

해산물의 감칠맛은 밋밋할 수 있는 채소의 맛과 풍미를 한껏 올려줍니다. 이 요리는 여름이 제철인 달콤하고 싱그러운 애호박에 관자와 레몬을 더해 새로운 풍미를 느낄 수 있습니다. 파프리카를 곁들이면 달콤한 맛이 배가되고, 애호박과의 색 조합에 눈까지 즐거워질 거예요.

재료

애호박 1개
유기농 노란 파프리카 1/2개
냉동 키조개 관자 슬라이스 10개
유기농 레몬 슬라이스 2~3개
다진 마늘 2작은술
올리브오일 3큰술
파슬리 가루 1작은술(토핑용)
소금과 후추 조금

만드는 법

1. 냉동 관자는 냉장고에서 해동한 뒤 물로 깨끗이 씻어 준비한다. 애호박은 반달 모양으로 자르고, 파프리카는 가로세로 2cm 크기로 깍둑썰기한다.

2. 예열한 프라이팬에 올리브오일을 두르고 다진 마늘을 넣어 볶다가 손질한 애호박과 파프리카를 추가해 부드러워질 때까지 볶는다.

3. 프라이팬에 관자와 레몬을 추가하고 뚜껑을 닫은 뒤 중약불에서 1~2분간 찌듯이 익힌다. 다시 뚜껑을 열어 소금으로 간하고 모든 재료가 잘 어우러질 수 있도록 잘 섞는다.

4. 접시에 옮겨 담은 뒤 파슬리 가루를 뿌려 요리를 마무리한다.

홀썸팁

⊘ 관자는 너무 오래 익히면 질겨질 수 있으니 주의합니다.

⊘ 레몬은 제철에 수확한 것을 미리 김장해 두면 더욱 편리합니다. 레몬 김장은 48쪽을 참고해 주세요.

⊘ 간을 할 때 소금 대신 한식간장을 활용해도 좋아요. 취향에 맞게 사용하세요.

새우 브로콜리볶음

새우가 어떤 채소와 잘 어울릴까 고민하다가 브로콜리를 활용해 만든 메뉴입니다. 이 메뉴 덕분에 어린 조카가 브로콜리를 맛있게 먹게 되었으니 저로서는 더욱 의미 있는 레시피예요. 평소 브로콜리를 좋아하지 않았다면 새우와 함께 볶아보세요. 감칠맛이 입혀진 새로운 브로콜리의 매력에 빠질 수 있을 겁니다.

재료

자연산 새우 400ml
브로콜리 400ml

양념

파프리카 가루 1작은술
마늘가루 1작은술
한식간장 1/2큰술
올리브오일 1큰술
소금 조금

만드는 법

1. 브로콜리는 깨끗이 씻은 뒤 한 입 크기로 자른다. 새우도 깨끗이 씻은 뒤 껍질을 벗기고 내장을 제거한다.

2. 큰 볼에 손질한 새우를 넣고 파프리카 가루, 마늘가루와 함께 잘 버무린다.

3. 예열한 프라이팬에 올리브오일을 두르고 양념한 새우와 잘라둔 브로콜리를 넣은 뒤 뚜껑을 닫아 중약불에서 3분간 찌듯이 익힌다. 새우가 다 익고 브로콜리가 부드러워지면 뚜껑을 열어 한식간장으로 간을 하고 30초간 더 볶는다.

4. 맛을 보고 필요하다면 소금으로 간을 더한 뒤 접시에 담아 요리를 마무리한다.

홀썸팁

⊘ 새우를 찌듯이 익힐 때 새우에서 육수가 우러나기 때문에 타지 않아요. 단, 불이 세지 않도록 주의하세요.

⊘ 밥 위에 올려 덮밥으로 먹거나 다른 채소를 더해 웜 샐러드로 만들어도 좋습니다.

⊘ 브로콜리 대신 콜리플라워, 애호박을 활용해도 좋아요.

봉골레 냉이옹심이

봄을 알리는 냉이는 진한 향기가 매력적인 채소입니다. 특히 냉이처럼 봄이 제철인 자연산 바지락을 함께 활용해 만든 파스타나 뇨끼는 정말 특별한 봄철 별미예요. 밀가루가 들어 있는 파스타나 뇨끼 대신 100% 국산 감자로 만든 옹심이를 사용한 이번 메뉴를 통해 더욱 건강한 방식으로 입안에 봄을 가득 담아보세요.

재료

국내산 감자 옹심이 1/2~1컵
자연산 바지락 2컵
국산 냉이 1줌
다진 마늘 1작은술
올리브오일 3큰술
한식간장 1/2작은술
소금과 후추 조금
페페론치노 2~3개(선택)

만드는 법

1. 바지락은 흐르는 물에 여러 번 씻고 소금물에 담근 뒤 검은 봉지로 감싸 냉장고에서 해감한다. 깨끗하게 손질한 냉이는 5cm 길이로 자른다.

2. 예열한 프라이팬에 올리브오일을 두르고 다진 마늘을 넣어 중약불에서 볶다가 바지락과 냉이를 넣고 뚜껑을 닫아 2~3분간 익힌다.

3. 바지락이 입을 벌릴 만큼 익었으면 옹심이를 넣고 한식간장으로 간을 한 뒤 뚜껑을 다시 닫고 중약불에서 2~3분간 더 익힌다.

4. 옹심이가 거의 다 익어갈 때쯤 뚜껑을 열고 중불로 올린 뒤 재료가 잘 어우러지도록 1분간 볶는다. 이때 맛을 보며 필요하면 소금으로 간한다.

5. 접시에 옮겨 담고 후추를 뿌려 요리를 마무리한다.

홀썸팁

⊘ 매콤한 맛을 추가하고 싶다면 페페론치노나 청양고추를 추가해 보세요. 알싸한 고추의 맛이 뇨끼의 느끼함을 잡아줍니다.

발사믹 버섯볶음

제가 장을 볼 때 잊지 않고 사 오는 식재료는 단연 버섯입니다. 발사믹식초를 넣어 어떤 버섯이든 볶아 내기만 해도 특별한 요리를 만날 수 있어요. 이번 레시피에서는 다양한 버섯 중에서도 브라운 양송이버섯을 활용했는데, 취향에 따라 여러 버섯으로 시도해 보세요.

재료

브라운 양송이버섯 12~15개
양파 1/4개
올리브오일 2큰술

양념

발사믹식초 1큰술
한식간장 1작은술
파슬리 가루 1/4작은술

만드는 법

1. 브라운 양송이버섯은 키친타월로 이물질을 제거한 뒤 사등분한다. 양파는 얇게 저민다.
2. 예열한 프라이팬에 올리브오일을 두르고 양파를 넣어 투명해질 때까지 볶다가 잘라둔 양송이버섯을 추가해 2분간 볶는다.
3. 프라이팬에 발사믹식초와 한식간장을 넣고 버섯이 충분히 익을 때까지 잘 섞으며 중불에서 2~3분간 볶는다.
4. 접시에 옮겨 담은 뒤 후추와 파슬리 가루를 뿌려 요리를 마무리한다.

홀썸팁

- ⊘ 발사믹식초는 캐러멜 색소나 증점제, 설탕 등이 포함되지 않은 제품을 구매하세요.
- ⊘ 양송이버섯 외에도 느타리버섯, 새송이버섯, 팽이버섯 등 다양한 버섯을 활용해 보세요.
- ⊘ 완성한 요리는 반찬으로도 좋고, 샌드위치 속으로 활용하거나 스크램블과 함께 먹으면 궁합이 좋아요. 샐러드와 곁여도 좋습니다.

들깨 무나물

무는 소화를 돕는 기능이 있는데 그래서인지 속이 불편할 때 푹 익힌 무나물을 만들어 밥 위에 올려 먹으면 그렇게 속이 편할 수 없더라고요. 만드는 방법도 정말 간단한 무나물은 아침 식사로도 부담 없는 참 좋은 메뉴랍니다.

재료

무 1/2개
멸치 육수 60ml(47쪽 참고)
다진 쪽파 2큰술(토핑용)
국산 들깻가루 1큰술
한식간장 2/3큰술
생들기름 1큰술
통깨 1작은술

만드는 법

1. 세척한 무를 5~8cm 길이로 채 썬다.

2. 작은 냄비에 채 썬 무와 멸치 육수를 넣고 뚜껑을 닫은 뒤 중약불에서 2~3분간 끓인다. 이때 한식간장으로 간하고 중간에 뚜껑을 열어 무가 타지 않도록 무를 한 번 뒤집는다.

3. 무가 부드럽게 익으면 불을 끄고 들깻가루와 생들기름, 통깨, 다진 쪽파를 뿌린 뒤 잘 섞어 접시에 옮겨 담아 요리를 완성한다.

홀썸팁

⊘ 들깻가루와 들기름은 열에 약하기 때문에 요리 마무리 단계에서 불을 끄고 뿌려줍니다.

자투리 채소 캐서롤

미국의 작가 헬렌 니어링은 책《소박한 밥상》에서 '먹을 것이 없다면 자투리 채소로 캐서롤을 만드는 것이 제일 좋은 방법'이라고 했어요. 냉장고 속 남은 채소를 활용해도 좋고, 남아 있는 채소찜이 있다면 따로 볶을 필요도 없이 그대로 활용할 수 있어 더욱 간단합니다. 1장에서 소개했던 소고기 소보로를 활용하면 간을 하지 않아도 맛있게 완성돼요.

재료

자투리 채소
- 양파 1/4개
- 돼지호박 1/2개
- 유기농 파프리카 1/4개
- 당근 1/4개
동물복지 유정란 4~5개
소고기 소보로 2~3큰술(74쪽
참고)
다진 쪽파 1큰술(토핑용)
물 조금
소금과 후추 조금

만드는 법

1. 냉장고에 남아 있는 자투리 채소를 모두 잘게 자른다.
2. 작은 볼에 달걀과 물의 비율이 5:1이 되도록 넣고 잘 섞는다.
3. 예열한 프라이팬에 올리브오일을 두르고 손질한 야채를 모두 넣은 뒤 재료가 부드러워질 때까지 중불에서 3분간 볶는다.
4. 오븐용 그릇에 볶은 야채와 소고기 소보로를 넣고 준비해 둔 달걀물을 부어 잘 섞어준다.
5. 180도로 예열한 오븐에 그릇을 넣고 25~30분간 익힌 뒤 토핑용으로 잘라둔 쪽파를 뿌려 마무리한다.

홀썸팁

⊘ 한 번에 많은 양을 만드는 요리인 만큼 남은 캐서롤은 용기에 담아 2~3일 동안 보관 가능합니다. 도시락 메뉴로 활용해도 좋아요.

단감 발사믹 샐러드

늦가을 단감은 저에게 거부할 수 없는 매력을 지닌 과일입니다. 채소만으로 만든 샐러드에 좋아하는 제철 과일을 활용하면 샐러드를 더욱 맛있게 즐길 수 있어요. 다진 아몬드를 토핑으로 뿌리면 바삭한 식감과 고소함까지 더할 수 있어요.

재료

단감 1개
루콜라 1컵
치커리 1컵
어린잎채소 2컵
다진 아몬드 1/3컵(토핑용)

드레싱

발사믹 비니그레트(172쪽 참고)

만드는 법

1. 단감은 껍질을 벗긴 뒤 최대한 얇게 저민다.
2. 루콜라, 치커리, 어린잎채소는 흐르는 물에 깨끗이 씻은 뒤 야채 탈수기를 활용해 물기를 최대한 제거한다.
3. 손질한 채소를 큰 볼에 담고 단감을 올린 후 준비한 드레싱을 뿌리고 잘 섞는다.
4. 접시에 옮겨 담고 다진 아몬드를 뿌려 요리를 마무리한다.

홀썸팁 --

⊘ 다양한 종류의 잎채소를 활용하세요.
⊘ 단감이 얇을수록 식감이 살아나니 최대한 얇게 썰어주세요.

쪽파콩비지 오트스콘

달걀 대신 콩비지를 사용하고, 식이섬유가 풍부한 오트밀과 고소한 아몬드 가루를 이용한, 동물성 재료가 하나도 들어가지 않은 비건 스콘입니다. 쪽파의 은은하고 알싸한 맛과 향을 느낄 수 있는 건강 스콘이니 빵이나 간식이 당길 때 만들어보세요.

재료

다진 쪽파 3큰술
국산 콩비지 60ml
유기농 오트밀 1컵
베이킹파우더 1작은술
껍질을 벗긴 아몬드 가루 1컵
비정제 설탕 2큰술

만드는 법

1. 큰 볼에 오트밀, 아몬드가루, 베이킹파우더, 비정제 설탕, 다진 쪽파를 넣고 잘 섞은 뒤 콩비지를 추가해 한 번 더 섞는다. 뻑뻑한 찰흙 점도가 될 때까지 반죽한다.

2. 반죽을 둥그런 모양으로 정리하고 그릇째 비닐봉지에 넣은 뒤 냉동실에 15분 정도 보관해 단단하게 만든다.

3. 단단해진 반죽을 꺼내 스콘 모양으로 6등분해 잘라 트레이에 적당한 간격으로 올린 뒤 180도로 예열한 오븐에서 20분간 굽는다.

4. 구운 스콘을 꺼내 5분간 식힘망에 올려 완성한다.

홀썸팁 -

⊘ 콩비지는 제품마다 수분량이 다르니 유의하세요. 너무 물기가 많은 것보다 되직한 제품이 좋습니다.

고기 없는 양배추제육볶음

제육볶음을 만들 때 제가 빠뜨리지 않는 재료가 있으니 바로 양배추입니다. 양배추의 단맛이 매콤한 제육볶음의 양념과 너무 잘 어울리거든요. 그런데 어느 날 '양배추가 이 요리의 주인공이 될 수는 없을까?'라는 생각이 들더라고요. 그래서 제육볶음 양념으로 양배추를 볶았는데, 그대로 요리가 되었습니다. 김치 대신, 혹은 메인 반찬으로도 좋은 이번 레시피를 꼭 한번 시도해 보세요.

재료

양배추 1/2통
대파 1대(15cm)
올리브유 1큰술
참기름 1작은술
통깨 1작은술
후추 조금
들깻가루 1~2작은술(선택)

양념

유기농 고추장 1큰술
유기농 고춧가루 1큰술
한식간장 1큰술
다진 마늘 1큰술
다진 생강 1/2작은술

만드는 법

1. 세척한 양배추를 한 입 크기로 듬성듬성 자른다. 대파는 어슷썬다.
2. 작은 볼에 양념 재료를 모두 넣은 뒤 잘 섞어 준비한다.
3. 예열한 프라이팬에 올리브오일을 두르고 손질한 양배추와 자른 대파, 양념을 넣고 중약불에서 양배추가 부드러워질 때까지 볶는다.
4. 불을 끄고 참기름, 통깨, 후추를 뿌리고 접시에 옮겨 담아 요리를 마무리한다.

홀썸팁

⊘ 참기름 대신 생들기름을 뿌려도 좋습니다.
⊘ 접시에 옮겨 담기 전 들깻가루를 뿌리면 고소한 풍미가 살아 더욱 매력적이에요.
⊘ 좋아하는 맵기에 맞춰서 고춧가루 양을 조절하세요.

강황연근전

연근철이 시작되는 가을에 꼭 만드는 메뉴입니다. 제철 에너지가 가득한 연근을 먹으면 저 또한 에너지가 생겨나는 기분이 들어요. 연근은 아삭하고 쫄깃한 식감과 위벽을 보호하는 뮤신은 물론, 지혈 효과도 있어 코피가 자주 나는 아이에게 좋아요. 강황연근전은 반찬으로 먹어도 좋지만 잎채소와 함께 샐러드처럼 만들어도 멋진 한 끼 식사가 될 수 있습니다.

재료

연근 1/2개(약 15~20조각)
글루텐 프리 쌀 튀김가루 5큰술
강황가루 1/6작은술
파슬리 가루 1/2작은술
올리브오일 1큰술
통깨 1작은술
물 조금
소금 조금

만드는 법

1. 연근은 흐르는 물에 깨끗이 씻은 뒤 1cm보다 얇은 두께로 썰어 식초 물에 10분간 담가둔다.

2. 쌀 튀김가루와 강황가루, 물을 섞어 숟가락으로 들었을 때 뚝뚝 떨어질 정도의 되직한 점도로 반죽을 만든다. 이때 소금으로 간한다.

3. 예열한 프라이팬에 올리브오일을 두르고 반죽을 골고루 묻힌 연근을 앞뒤가 노릇해질 때까지 굽는다.

4. 접시에 잎채소와 함께 연근을 담고 통깨와 파슬리 가루를 뿌려 요리를 마무리한다.

홀썸팁 -

⊘ 연근을 식초물에 담가두면 갈변 현상도 방지하고 연근 특유의 떫은맛도 적어집니다.

⊘ 마트에서 판매하는 일반 부침가루나 튀김가루에는 설탕과 팽창제, 여타 첨가물이 포함되어 있어요. 한살림에서는 밀가루와 첨가제가 없는 '쌀 튀김가루'를 판매해 저는 이 제품을 전을 만들 때에도 애용합니다.

당근바나나 오트케이크

더 건강한 베이킹을 원한다면 베이킹에 채소를 추가해 보세요. 당근과 바나나의 단맛이 설탕의 역할을 대신하고 당근과 오트밀의 식이섬유가 장을 더 건강하게 만드는 고마운 케이크입니다. 하나의 큰 볼에 모든 재료를 넣고 잘 섞기만 하면 끝인 원 볼 베이킹 메뉴로, 아이들 간식이나 생일 케이크로도 좋아요.

재료

바나나 2개
당근 1/2개
동물복지 유정란 2개
유기농 오트밀 240ml
현미가루 120ml
베이킹 파우더 1/2작은술
시나몬 가루 1/3작은술
다진 견과류 1~2큰술(선택)
소금 조금

만드는 법

1. 당근은 그레이터로 잘게 간다. 바나나는 포크로 으깬다.

2. 큰 볼에 갈아둔 당근과 으깬 바나나를 넣고 잘 섞은 뒤 오트밀, 현미가루, 베이킹 파우더, 시나몬 가루, 달걀, 다진 견과류를 추가해 잘 섞어 반죽을 만든다.

3. 반죽을 오븐용 베이킹 용기에 담고 반죽의 윗면을 평평하게 편 뒤 180도로 예열한 오븐에서 30~35분간 굽는다.

4. 케이크를 오븐에서 꺼내 5분 정도 식혀 완성한다.

홀썸팁 --

⊙ 이 케이크는 요거트와도 잘 어울려요. 저는 유제품을 먹지 않기 때문에 두유나 코코넛으로 만든 식물성 요거트를 케이크 위에 얹어 함께 먹습니다.

C H A P

T E R 4

집밥이 진짜 건강해지려면

염증을 줄이는 집밥

"현재 슈퍼마켓에 있는 음식의 80%는
100년 전에는 존재하지도 않았다."

래리 맥클레리   Larry McCleary

많은 질환의 원인인 염증을 다스리는 것은 건강한 삶을 위한 핵심입니다. 제가 적극적으로 집밥을 하는 이유도 어찌 보면 염증을 다스리고 싶기 때문이었어요. 사실 과거의 저는 염증이 얼마나 위험하고 심각한 증상인지 잘 파악하지 못했습니다. 염증으로 인한 피부 트러블이나 생리통, 두통도 그저 일시적인 컨디션 난조라고만 생각했어요. 하지만 매일의 식단에 관심을 가지고 직접 집밥을 차려 먹기 시작하니 놀랍게도 그동안 저를 괴롭혔던 모든 증상이 상당 부분 사라졌습니다. 식습관을 바꾸었을 뿐인데 몸이 가벼워졌고, 피부 트러블은 사라졌으며, 아침마다 화장실도 잘 가고, 심지어 우울하거나 불안한 마음마저 줄어들다니 정말 놀라운 경험이었습니다.

이러한 경험은 저만의 이야기가 아니었습니다. 가족들도 건강한 집밥을 통해 더 나은 컨디션으로 일상을 보내기 시작했거든요. 그 덕분에 염증에 대해 서로 이야기를 나누거나 대처법을 공유하는 우리 가족만의 문화도 생겼습니다. 이를 원동력 삼아 매일의 집밥으로 염증을 줄일 수 있는 방법이 무엇인지 꾸준히 고민할 수 있었습니다.

본격적으로 고민하고 공부하며 알아낸 만성 염증의 원인은 정말로 다양했습니다. 무심코 한 행동이 쌓여서 염증을 만들고 있었어요. 여기에는 매일의 식습관은 물론이고 스트레스 관리, 운동 부족, 오염된 환경 등 수많은 원인이 포함됩니다. 결국 염증의 원인을 하나로 설명하기는 힘들어요. 하지만 그렇기에 더더욱 우리의 생활 습관을 바꾸는 것이 중요합니다. 저는 그 시작으로 집밥을 선택했어요.

지금부터는 제가 염증을 줄이는 집밥을 실현하기 위해 노력했던 여러 요소를 하나씩 소개하겠습니다. 결코 제가 말씀드리는 내용을 한꺼번에 따라 할 필요는 없어요. 조금씩, 하나하나 나의 식사에 적용하며 스스로 변화된 모습을 확인하는 것만으로도 충분합니다.

모든 것은
재료에서 시작한다

염증을 줄이는 식재료는 무엇일까?

염증을 줄이는 집밥의 시작은 재료 선택이 반이라고 해도 과언이 아닙니다. 그만큼 식재료가 우리 몸에 끼치는 영향이 커요. 그래서 저는 더 나은 재료 선택을 위한 첫 단계로 저의 장바구니를 채우는 식재료 목록부터 바꿨어요. 염증의 최대 원인인 초가공식품을 배제하고, 원재료 상태에 가까운 홀푸드를 사용하려고 노력했습니다. 항염 작용을 돕는 채소와 과일의 비중을 늘리고, 동물성 단백질인 고기는 양보다 질을 따져 구매했어요.

사실 이러한 저의 기준을 통과하는 식재료 중에는 일반 마트에서 구하기 힘든 것도 더러 포함되어 있습니다. 자연스레 친환경 식자재를 취급하는 생활협동조합이나 SNS, 온라인 마켓을 활용해 생산자들과 직접 소통해 식재료를 구하는 빈도가 늘었어요. 농부시장인 파머스마켓도 적극 활용했지요. 이 과정에서 각 식재료의 특징과 재배 방법을 생산자에게 직접 들을 기회가 늘어나니 식재료에 대한 이해의 폭이 훨씬 넓어졌습니다. 그 덕에 식사 준비는 물론이고 식재료를 고르는 일부터 점점 즐거워지기 시작했어요. 지금부터는 제가 염증을 줄이는 집밥을 위해 장바구니를 채웠던 여러 기준과 목록을 소개하겠습니다.

• 100년 전에는 세상에 존재하지 않았던 '초가공식품' 배제하기

염증을 줄이는 식재료를 선별해 구매하기 위해서는 우선 어떤 재료가 염증을 일으키는지 파악해야 해요. 우리 몸에 염증을 만들어내는 대표적인 식재료는 바로 '초가공식품'입니다.

가공식품은 익숙해도 초가공식품이라니, 개념조차 낯설 수 있습니다. 초가공식품은 우리의 먹거리를 가공 정도에 따라 나누며 등장한 개념입니다. 흔히 자연식품, 가공식품, 초가공식품 3단계로 나누며 자연식품은 말 그대로 재료 본연의 모습을 그대로 유지한 상태, 가공식품은 재료의 세척이나 간단한 조리가 이루어진 통조림·병조림·자연 치즈 등을 말합니다. 반면 초가공식품은 가공의 수준이 한 단계 더 나아가 재료 본연의 모습이 변형된, 고도로 가공된 상태의 제품을 뜻해요. 보통 합성 첨가물을 포함하고 있으며 대부분 플라스틱 상자나 병, 비닐로 포장되어 판매되는 형태입니다.

토마토소스를 예로 설명할게요. 다음 그림에서 알 수 있듯 A 소스의 성분표에는 100% 토마토만 적힌 반면, B 소스에는 토마토, 양파, 대두유, 변성전분, 치킨엑기스 DS, 파프리카 추출색소, 구연산, 마늘 등이 포함됩니다. 즉, A 소스는 가공식품이지만, B 소스는 자연에서 찾을 수 없는 화학첨가물이 포함되어 있으므로 초가공식품에 해당합니다. 둘의 차이가 우리 부엌에서 원재료를 찾을 수 없는 화학첨가물의 유무에 있다고 생각하니 훨씬 간단하지요?

초가공식품이 위험한 이유는 염증을 유발하는 것은 물론, 과식을 부추기거나 인지 기능을 저해하기 때문입니다. 이와 관련된 기사나 연구도 속속 등장하고 있어요. 그러니 우리 아이들이 성인보다 많은 양의 초가공식품을 섭취하는 현실은 더욱 심각한 문제지요. 그래서 저는 종종 아이와 함께 마트를 방문할 때면 초가공식품과 일반 식품이 어떻게 다른지, 제품을 살 때 어떤 원재료가 좋은지, 또 제품의 라벨을 볼 때는 어떤 점을 주의 깊게 봐야 하는지를 함께 이야기해요. 아이들이 간식으로 즐겨 먹는 떡볶이나 컵라면, 만두는 수많은 첨가물과 환경호르몬까지 포함하고 있으니 아이 스스로 이해하고 경각심을 갖는 것이 더욱 중요합니다.

음식을 완성하는 데 특정 재료가 반드시 필요하다는 편견에서 벗어나는 것도 초가공식품을 피할 수 있는 좋은 방법입니다. 떡볶이에는 어묵이, 김밥에는 단무지나 햄이 반드시 들어가야 한다는 생각에서 벗어나 보세요. 어묵 대신 양배추나 대파를 더 많이 넣어 감칠맛을 높이거나, 봄에만 맛볼 수 있는 다양한 봄나물로 김밥 속을 채우는 거예요. 단무지는 직접 만든 오이지로 대체할 수 있고 햄과 소시지 대신 고기볶음을 넣어도 좋습니다. 우리가 무심코 요리에 써온 초가공식품군을 자연식품으로 대체해도 충분히, 아니 더 맛있다는 것을 깨달을 거예요.

• 정제곡물과 정제당은 제한적으로

건강에 크게 관심이 없는 사람도 정제곡물과 정제당의 위험성을 많이 들어 봤을 거예요. 이 두 재료는 급격한 혈당 상승은 물론, 이로 인한 인슐린 저항성 문제와 심혈관 질환도 일으킬 수 있습니다. 더 큰 문제는 우리가 의식적으로 살피지 않으면 평범한 식사에서도 이들의 위협에 너무 쉽게 노출된다는 거예요. 우리가 편리한 아침 메뉴로 여기는 시리얼이나 아침에 꼭 마셔야 하는 달달한 커피, 간식으로 먹는 빵과 쿠키에는 다양한 정제당과 정제 탄수화물이 포함됩니다.

이는 꼭 제과류뿐 아니라, 우리가 매일 먹는 한식도 마찬가지예요. 얼마 전식당에서 불고기 정찬을 먹었는데 모든 요리가 너무 달아서 먹기 힘들었던 기억이 납니다. 불고기, 깍두기, 멸치볶음, 된장찌개까지 모두 설탕이 들어갔더라고요. 우리가 매일 먹는 한식은 채소와 발효식품의 비중이 높다는 장점이 있지만, 자칫하면 과도한 정제 곡물이나 정제당을 섭취할 위험도 있어요. 하지만 제대로 의식하기만 하면, 한식도 더 건강하게 즐길 수 있습니다.

다음은 제가 한식을 요리할 때 정제당과 정제탄수의 과잉 섭취를 방지하기 위해 염두에 두는 요소입니다. 한식을 대하는 시각과 습관을 조금 달리하면 한식의 장점을 충분히 살리면서 더 건강한 식사를 할 수 있습니다.

- **간이 약한 국을 수프처럼**: 미역국, 콩나물국, 소고기뭇국 등 한식에서 자주 등장하는 국을 만들 때 평소보다 간을 줄여 밥 없이, 혹은 적은 양의 밥과 먹어보세요. 국의 간이 짜면 탄수화물인 밥을 더 많이 섭취하게 되거든요. 저는 아침으로 간을 약하게 한 미역국이나 계란탕을 수프처럼 먹곤 하는데, 몸이 훨씬 가볍고 점심까지 배가 고프지 않아요.
- **나물은 타파스나 샐러드처럼**: 나물이 반찬이라는 개념에서 벗어나 샐러

드나 타파스라고 생각하세요. 간을 많이 하지 않는 대신 생들기름을 충분히 뿌리면 식욕을 돋우는 향은 물론 좋은 지방도 함께 섭취할 수 있어요. 들깻가루를 뿌려도 맛있고, 달걀찜이나 달걀프라이 위에 나물을 올려 먹어도 든든합니다. 뜨거운 밥보다 나물이나 채소 반찬으로 식사를 시작해 보세요!

- **고기 메뉴에는 설탕 대신 채소를**: 고기를 활용한 대표적인 한식 메뉴로 불고기나 갈비찜이 떠오르실 텐데요. 모두 설탕을 넣은 달달한 맛이 특징이지요. 저는 이런 요리를 할 때 당을 줄이는 대신 그 빈자리를 채소로 채웁니다. 듬뿍 들어간 양배추나 고구마, 당근, 양파 등 채소에서 나오는 천연 단맛이 충분히 맛을 내주기 때문에 맛의 빈틈을 느낄 수 없어요.

- **양념 맛으로 먹는 밑반찬은 최소화**: 올리고당, 물엿, 설탕, 간장 등으로 만든 양념에 졸인 밑반찬들. 연근이나 우엉조림, 멸치조림 등이 대표적이지요. 하지만 이 반찬들은 단맛이 너무 강한 탓에 식재료 본연의 맛을 구분하기 힘듭니다. 게다가 달거나 짠 맛 때문에 정제 탄수화물의 섭취량도 늘어요. 그러니 이제부터 단짠 양념의 사용을 줄여보세요. 설탕 없이 조리하면 연근과 우엉 본연의 맛이 얼마나 매력적인지 알게 될 겁니다.

- **백미 대신 현미밥, 잡곡밥, 채소라이스**: 밥을 지을 때 백미 대신 GI지수가 낮은 현미나 잡곡을 활용합니다. 1장에서 소개한 밀프렙 메뉴인 베지라이스(68쪽)나 뒤에서 소개할 저탄수 반반라이스(234쪽)를 시도해도 좋아요. 탄수화물 섭취량은 줄고 식이섬유나 미량 영양소 섭취량은 더욱 늘어납니다.

• 고기는 양보다는 질로, 대신 채소는 충분히!

건강한 단백질을 섭취하는 것도 만성 염증 관리에 무척 중요합니다. 소시지나 햄, 베이컨과 같은 초가공식품을 식탁에서 제외하는 것은 정말 기본이지요. 그런데 우리가 흔히 먹는 돼지고기와 닭고기, 소고기나 달걀도 환경에 따라 건강함의 차이가 크다는 것을 아시나요?

호르몬이나 항생제를 투여하지 않고 자연 방목해 풀을 먹고 자란 소는 우리 몸의 염증 반응을 조절하는 오메가3와 오메가6의 지방산 비율이 더 우월합니다. 덕분에 염증 관리에 유리하지요. 양식이 아닌 자연산 해산물 또한 항생제의 위험이 적고, 오메가3와 같은 영양소가 풍부합니다. 식물성 단백질인 콩도 유전자 조작이 되지 않은 국산 콩을 구매해서 요리하는 것이 더 건강한 선택입니다.

한국인 1명이 1년 동안 섭취하는 달걀이 260개가 넘는다는 것을 아셨나요? 그만큼 달걀은 한국인이 사랑하는 단백질의 원천이기 때문에 달걀을 고르는 기준 역시 중요해요. 시중에 판매되는 달걀에는 10자리 난각 번호가 찍혀 있고, 이 중 마지막 한 자리는 닭의 사육 환경을 나타냅니다. 그 숫자가 1번 혹은 2번이라면 닭을 방사하거나 평사하여 키웠다는 의미예요. 반대로 3번이나 4번은 좁은 공간에서 호르몬제와 항생제를 맞고 자랐음을 나타냅

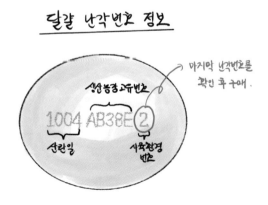

니다. 그러니 달걀을 고를 때 마지막 번호를 유의해서 살펴보는 것이 좋겠지요. 최근에는 닭의 사육 환경뿐 아니라 사료의 질과 배합까지 신경 쓰는 생산자들도 있어요. 사료에 따라 달걀의 지방산 비율이 달라지고, 이는 염증 관리에도 영향을 미치니 달걀을 구매할 때 난각 번호와 함께 이러한 요인도 함께 참고해 봅시다.

물론 이렇게 질 좋은 단백질은 상대적으로 가격이 높을 수 있습니다. 그래서 저는 양질의 단백질을 선택하는 대신 양을 줄여 전체 장바구니 비용을 맞추고, 대신 식물성 단백질이나 더 다양한 채소를 구매해 영양분을 채웁니다. 같은 가격으로 더 건강한 재료를 구성하고 채소의 섭취도 높일 수 있어요.

• 산패 없고 염증을 낮추는 기름

과거에는 지방이 심혈관질환의 주요 원인으로 꼽히며 섭취를 줄이라고 권고했지만, 최근에는 지방 역시 건강을 유지하기 위해 반드시 필요한 영양분 중 하나임이 밝혀지고 있습니다. 그 덕에 지방 섭취를 무조건 줄이기보다 건강한 지방을 섭취하는 데 집중하는 추세지요. 아보카도, 연어, 일부 견과류는 불포화지방산과 오메가3 지방산을 함유하고 있어 염증을 완화하는데 도움되는 대표적인 식품이니 참고하세요.

매일 요리에 사용하는 기름을 고를 때에도 오메가3와 오메가6의 지방산 비율 정보를 확인하면 염증 관리에 도움을 받을 수 있습니다. 과거에는 우리가 섭취하는 오메가3와 오메가6의 비율이 1:4를 유지했다고 합니다. 하지만 최근에는 오메가6의 비율이 매우 높은 서구화된 식습관 때문에 그 비율이 1:20에 이를 정도로 매우 불균형한 상태라고 해요. 우리가 요리용 기름으로 흔히 사용하는 옥수수유, 콩기름, 포도씨유 등은 오메가6 비율이 월등히 높은 기름에 속합니다. 그러니 섭취 시 유의하는 게 좋겠지요. 더불어 초가공식품이나 튀김류에 포함된 트랜스 지방 역시 염증을 야기하는 주요 원인이 될 수 있으니 늘 주의가 필요합니다.

어떤 기름을 사용하느냐만큼이나 중요한 것이 기름의 산패를 관리하는 일입니다. 산패란 기름이 공기 중 산소와 결합해 일어나는 화학 반응으로, 몸에 해로운 물질을 발생시키는 원인이 돼요. 산패한 기름을 섭취하면 가볍게는 소화불량에서부터 심각하게는 암을 발생시키는 세포 변이가 일어난다고 하니, 특히 주의가 필요합니다.

이러한 산패를 막기 위해서는 고온 압착 기름보다는 저온 압착 기름을 사용하고, 높은 열에 노출되지 않은 상태로 보관해야 합니다. 어둡고 서늘한 곳이 좋은데, 특히 산화에 취약한 생들기름은 냉장 보관하는 것이 더욱 좋습니다. 빛에 의한 산패를 막기 위하여 어두운 색상의 병을 활용하고, 기름 뚜껑을 여닫을 때 공기와 접촉해 산패가 일어나기도 하니 꼭 뚜껑이 잘 닫혀 있는지 확인하세요. 무엇보다 소용량으로 구매해 빠르게 소진하는 것이 가장 좋습니다. 저는 항상 작은 용량의 기름을 구매해 한 달 안에 모두 소진하려 해요. 특히 가스 불 옆에 조리용 기름을 두고 사용하는 경우가 많은데 열에 의한 산패의 위험이 커지니 추천하지 않습니다.

기름을 더 건강하게 섭취하기 위해서는 기름에 따른 발연점을 이해하는 것도 중요하지요. 발연점이란 기름의 종류에 열을 가했을 때 표면에 연기가 생기면서 타는 온도를 말해요. 발연점이 낮은 기름은 그만큼 열에 쉽게 타 유해물질이 발생할 위험도 더 높습니다. 들기름이나 참기름은 발연점이 낮아 최대한 가열하지 않는 것이 좋아요. 간혹 더 맛있다는 이유로 고기나 두부, 달걀을 참기름이나 들기름에 굽는 경우가 있는데 이는 발암 물질의 발생 가능성을 높이니 가능한 한 지양하는 것이 좋습니다.

반대로 엑스트라 버진 올리브오일은 가열해서는 안 된다고 알려져 있지만 산도가 낮고 신선한, 질 좋은 엑스트라 버진 올리브오일의 발연점은 200도

✗ 엑스트라 버진 올리브오일
구매 고려 사항

① 엑스트라 버진 등급 (냉압착)
② 낮은 산도 (0.8이하) : 낮으면 낮을수록 좋음.
③ 어두운 밀폐 유리병에 포장
④ 수확시기 : 햇올리브로 착유
⑤ 용량이 큰 것보다 작은 것으로 구매해서 빨리 소진
⑥ 유기농 인증 여부

가 넘는 경우가 많아요. 덕분에 고온 튀김 요리를 제외하고는 조리용으로 사용 가능합니다. 그래서 저는 발연점이 높고 산도가 낮은 질 좋은 엑스트라 버진 올리브오일을 생식용뿐 아니라 조리용으로 사용합니다. 요리용 기름으로 엑스트라 버진 올리브오일을 사용한다면 발연점을 꼭 확인하세요.

• 채소는 충분히, 과일은 적당히

채소와 과일에는 비타민, 무기질 같은 영양소뿐만 아니라 각종 질병을 예방하고 건강을 돕는 생리활성물질이 풍부하게 포함되어 있습니다. 그중 파이토케미컬은 우리 몸의 염증을 완화하는 최고의 항염·항산화 물질이에요. 블랙푸드의 안토시아닌, 붉은 식재료의 리코펜, 당근의 베타카로틴 등이 여기에 속합니다. 우리 식탁에서 파이토케미컬을 늘리기 위해서는 더 다양한 채소와 과일을 섭취해야 하는데요. 한 가지 종류의 것을 먹기보다는 골고루 섭취하는 편이 파이토케미컬의 역할을 최대화하고 장 건강도 지키는 비결입니다.

저는 몸에서 염증 반응이 일어날 때 의식적으로 십자화과채소를 챙겨 먹으려고 합니다. 십자화과채소는 4개 꽃잎이 십자가 모양으로 생긴 채소로 브로콜리, 양배추, 콜리플라워, 겨자, 청경채, 케일 등이 여기에 속해요. 이들은 식물성 생리활성물질을 풍부하게 함유하고 있어 세포 내 염증이나 이로 인한 손상으로부터 세포를 보호해 염증 관리를 위한 중요한 재료라고 할 수 있습니다.

과일도 염증을 이겨낼 수 있는 다양한 영양소를 포함하고 있지만, 동시에 과당을 포함하기 때문에 마음껏 먹기보다는 알맞은 양을 섭취하기를 추천합니다. 당 함량이 높은 열대 과일보다는 항산화 성분이 많은 베리류나 제철 국내산 유기농 과일을 즐겨 선택하세요. 말린 과일은 적은 양이더라도 매우 많은 당이 포함되어 있기 때문에 혈당 관리에 불리합니다. 또 즙을 내거나 갈아 먹기보다 껍질째 통으로 먹는 것이 급격한 혈당 상승을 피할 수 있는 더 건강한 습관입니다. 앞서 언급한 것처럼 베리류나 아보카도는 당 함류가 낮은 과일에 속하고, 망고·바나나, 파인애플 등 열대 과일은 상대적으로 당이 높은 과일류에 속합니다. 과일을 먹을 때 이러한 부분을 함께 고려해 더 현명한 식단을 유지하세요.

당이 낮은 과일	당이 높은 과일
베리류(딸기, 라즈베리, 블루베리 등), 아보카도, 레몬, 라임 등	바나나, 포도, 망고, 파인애플, 수박 등

부엌 습관으로
항염 집밥을 완성한다

조리법, 조리 도구, 식습관으로
염증을 잡는다

질 좋고 영양소가 풍부한 재료를 골라도 조리 단계가 건강하지 않다면 무용지물입니다. 요리 과정에서 영양소가 파괴되고 해로운 물질이 발생하면 결과적으로 영양 불균형이 일어나 몸에 염증이 발생하고 면역력도 떨어져요. 건강한 조리법의 기본 원칙은 식재료 본연의 맛과 모습이 살아 있는 방식으로 조리하는 것입니다. 여러 가지 양념을 많이 사용하는 대신 재료의 맛과 풍미를 살리는 최소한의 양념을 사용하고, 너무 많이 자르고 손질하기보다는 어떤 식재료를 사용했는지 한눈에 확인할 수 있게 손질하세요. 최소한의 손질을 거쳐 조리했을 때 재료의 수분이나 식이섬유를 파괴하지 않고 재료의 감칠맛과 고유한 풍미가 살아난 더 맛있는 음식을 즐길 수 있습니다. 지금부터 제가 자주 활용하는 건강한 조리법을 소개합니다.

• 당독소를 줄이는 조리법

재료를 가열하고 익히는 과정은 요리의 필수 단계지요. 하지만 온도에 민감한 수용성 비타민C가 파괴되는 것은 피할 수 없어요. 지용성 비타민과 미네랄 역시 조리 방법에 따라 흡수량이 달라집니다. 높은 온도에서 탄수화물과 단백질을 가열할 경우 발암 물질이 발생하기도 합니다. 그만큼 요리에서 적절한 불의 사용은 맛은 물론 우리 건강을 위해서도 매우 중요한 문제예요.

고온으로 요리하는 경우 최종당화산물AGE: Advanced Glycation End Products이라는 물질이 발생하기 때문에 더 주의가 필요합니다. 쉬운 말로 '당독소'라 불리는 이 물질은 활성산소를 발생시키고 염증을 일으켜요. 노릇노릇하게 구운 스테이크, 직화로 구운 바비큐, 기름에 튀긴 닭고기, 달걀프라이, 햄버거, 감자칩이 당독소가 높은 음식에 해당됩니다.

그렇다면 당독소를 적게 발생시키는 조리법은 무엇일까요? 직화구이나 열과 압력을 많이 가하기보다 찌거나 삶는 것이 더 좋습니다. 즉, 삼겹살구이보다는 수육으로, 달걀프라이보다는 삶은 달걀이 더 나은 조리 방법이에요. 아이가 어릴 때 유아식을 만들며 자주 활용하는 조리법이 바로 '저수분 찌기'입니다. 기름 대신 물을 넣고 뚜껑을 닫은 뒤 찌듯이 저온으로 가열하는 방식이지요. 당독소 발생 위험도 적고 영양소 손실도 줄일 수 있어 아이가 자란 지금도 저는 요리를 할 때 자주 활용합니다. 저수분 찌기를 할 때는 물의 양을 최소한으로 맞춰야 영양소 손실을 줄일 수 있어요. 중약불을 유지해 불 조절만 잘하면 채소나 육류 모두 타지 않고 부드럽게 익힐 수 있습니다. 레시피로 소개한 채소찜(238쪽)이나 원 팟 오색나물(94쪽), 홀썸 콩나물무국(130쪽)과 사과 삼겹수육(252쪽) 등이 모두 저수분 찌기를 활용한 메뉴이니 시도해 보세요.

○ *Tip* 찌듯이 익히기

저는 물이나 기름을 사용해야 할 때 웬만하면 약불이나 중약불에서 요리하는 습관을 갖고 있어요. 많은 요리를 '찌듯이 익혀' 요리하는 거예요. 찌듯이 익히기란 앞에서 설명한 저수분 찌기와 비슷한 원리인데요. 여기에는 중요한 세 가지 조건이 있습니다. 바로 중약불에서 뚜껑을 덮어 요리하는 거예요.

방법은 간단합니다. 스테인리스 냄비를 약불이나 중약불에서 달군 후, 물이나 기름을 두르고 재료를 넣은 뒤 짧게 볶다가, 열이 최대한 빠져나가지 않도록 뚜껑을 덮어 재료를 익히는 거예요.

이렇게 찌듯이 익힐 때 주의할 점은 재료를 냄비의 약 70~80%만 채우는 겁니다. 그래야 식재료에서 나오는 채수나 육수가 수증기가 되어 냄비 안을 돌며 찌는 듯이 익힐 수 있거든요. 소금이나 간장으로 간을 했다면 삼투압 현상으로 채소에서 더 많은 물이 발생하기 때문에 불 조절만 잘한다면 웬만해서는 타지 않습니다.

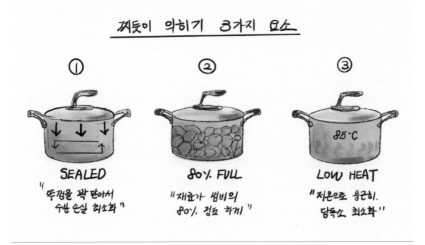

찌듯이 익히기 3가지 요소

① SEALED
"뚜껑을 꽉 닫아서 수분 손실 최소화"

② 80% FULL
"재료가 냄비의 80% 정도 차게"

③ LOW HEAT
"저온으로 은근히. 당독소 최소화"

• 조리 도구는 환경호르몬에서 자유로운 재질로

앞서 말한 것처럼 염증을 줄이는 데 가장 중요한 요소는 재료와 조리법을 더 건강한 방식으로 바꾸는 것입니다. 하지만 우리가 무심코 사용하는 조리 도구나 부엌의 여러 장비도 우리 몸의 염증 반응을 악화시킬 수 있는 원인이에요.

플라스틱 재질의 조리 도구는 미세플라스틱뿐 아니라 환경호르몬의 영향에서도 자유로울 수 없기 때문에 최대한 사용을 자제하는 것이 좋습니다. 대신 스테인리스 재질의 기구를 사용하세요. 보관 용기 또한 유리나 스테인리스 제품을 사용하는 것이 더 좋습니다. 정말 자주 사용하는 플라스틱 조리 도구가 바로 주걱인데요. 갓 요리한 뜨거운 밥을 퍼야 하는 만큼 되도록 플라스틱 제품은 피해주세요. 뜨거운 음식을 담는 그릇도 마찬가지입니다. 열에 강하고 화학물질의 영향이 적은 스테인리스, 유리, 도자기 등으로 만들어진 제품을 사용하길 추천드립니다.

• 염증을 줄이는 식사 습관

건강한 집밥을 추구하며 가장 크게 와닿은 사실은 우리가 어떤 것을 먹느냐의 문제만큼이나 어떻게 먹는지 역시 건강에 큰 영향을 미친다는 점입니다. 최근 다양한 연구를 통해 음식을 먹는 방식이 우리 몸에 염증 반응을 일으킬 수 있음이 밝혀지고 있는데요. 우리가 음식을 먹으며 유념해야 하는 문제는 다음과 같습니다.

- **음식을 먹는 빈도와 양**: 음식을 얼마나 자주, 그리고 많이 먹는가?
- **음식을 먹는 속도**: 음식을 얼마나 빨리 먹는가?
- **음식과의 관계**: 스트레스가 없는 상태로 식사할 수 있는가?

현대사회는 음식이 모자라기보다 넘쳐나는 시대지요. 손만 뻗으면 24시간 내내 음식을 구할 수 있어요. 그러다 보니 인식하지 못하는 사이 위장이 쉴 틈도 없이 끊임없이 음식을 섭취하곤 합니다. 저도 몇 년 전 식사일기를 작성할 때 쉬지 않고 음식을 먹는 저를 발견하고 얼마나 놀랐던지요. 그런데 이렇게 조금씩 자주 음식을 섭취하면 인슐린 저항성 문제가 발생하기 쉽고, 이로 인해 세포가 스스로를 청소하는 자가포식의 기회를 잃어요. 그러니 음식은 정해진 식사 시간을 지켜 적당한 양을 먹는 것이 정말로 중요합니다. 일정 시간 동안 식사를 제한하는 '시간 제한 섭취time-restricted eating'도 식사의 빈도를 조절하는 좋은 방법일 수 있어요. 다만 24시간이 넘어가는 장기 단식은 전문가의 도움을 받아 진행하는 것이 좋아요.

아울러 항상 배부르게 먹는 습관도 되돌아보면 좋아요. 저는 식사를 계획할 때부터 양을 조절해서 배가 80% 정도 찰 때까지만 먹는 습관을 가지려 합니다. 과식으로 인한 소화불량, 졸음, 에너지 저하와 같은 어려움 없이 몸이 더 가볍고 활기 넘치며 머리가 맑은 상태를 유지할 수 있거든요.

음식을 먹는 속도 역시 생각해 봐야 합니다. 음식을 너무 빠르게 먹으면 실제 필요한 양보다 더 많이 먹게 되고, 이로 인해 체중이 증가하기 쉬워요. 한 연구에 따르면 식사 속도가 빠른 어린이의 60%는 과체중이며, 음식을 빨리 먹는 사람이 그러지 않는 사람에 비해 비만이 될 확률이 3배나 더 높다고 합니다.

저 역시 과거에는 바쁘다는 핑계로 허겁지겁 식사를 마치곤 했는데요. 다음과 같은 원칙을 세운 뒤 식사 속도를 개선할 수 있었습니다. 첫째, 스크린 앞에서 식사하지 말 것. 둘째, 한 입에 먹는 양을 적게 조절하고 식사 중간에 잠시 쉴 것. 마지막으로, 음식을 충분히 씹고 삼킬 것. 이 외에도 내가 음식을 얼마나 자주 먹는지 항상 신경 쓰니 자연스럽게 식사량과 속도를 조절할 수 있었습니다.

또 한 가지 권해드리고 싶은 것은 식사 전 10초 동안 감사의 명상 시간을 갖는 것입니다. 종교적인 의미를 넘어서 나의 식탁 앞에 있는 음식을 둘러보고, 먹을 것에 감사하며 숟가락을 드는 거예요. 내가 어떤 음식을 어떻게 먹는지 알아차리는 겁니다. 이러한 인식을 바탕으로 식사를 한다면 음식을 먹는 속도가 느려질 수밖에 없습니다. 그러면 음식과 더 긍정적인 관계를 맺을 수 있고, 음식에 대한 불필요한 스트레스도 줄어듭니다.

마지막으로, 잠에 들기 전 2~4시간 동안 공복을 유지하는 습관은 소화에는 물론, 숙면에도 도움이 됩니다. 저는 매일 최소 12시간에서 14시간 동안 공복을 유지하려 합니다. 그러면 몸도 가뿐해지고 컨디션이 좋아질 뿐만 아니라 음식에 대한 갈망도 자연스럽게 줄일 수 있어요.

가짜 음식이 아닌 진짜 음식으로 몸을 채워보세요.

그러려면 가짜 음식과 진짜 음식이 어떤 건지

알아가는 것부터 시작해야 합니다.

또 한 가지 권해드리고 싶은 것은 식사 전 10초 동안

감사의 명상 시간을 갖는 것입니다.

종교적인 의미를 넘어서 나의 식탁 앞에 있는 음식을 둘러보고,

먹을 것에 감사하며 숟가락을 드는 거예요.

그러면 음식과의 긍정적인 관계를 맺을 수 있어요.

저탄수 반반라이스

백미는 정제 탄수화물을 대표하는 재료지요. 그래서 저는 가끔 밥을 지을 때 백미와 콜리플라워 라이스를 섞어 정제 탄수화물의 섭취량을 조절하곤 합니다. 아들과 함께 식사할 때는 콜리플라워와 백미 비중을 3:7로, 저 혼자 탄수를 줄여 섭취하고자 할 때는 8:2까지 조정해요. 탄수화물의 양은 줄이고 채소 섭취는 그만큼 늘리면서 염증까지 잡아주는 고마운 밥이랍니다.

재료

백미 1컵
콜리플라워 라이스 1컵
(68쪽 참고)
생수 1.5컵

만드는 법

1. 백미는 흐르는 물에 여러 번 씻는다. 씻은 쌀은 20분간 물에 불린다.
2. 냄비에 백미와 콜리플라워 라이스, 생수를 넣고 강불로 끓인다.
3. 물이 끓으면 불의 세기를 약불로 줄이고 뚜껑을 닫아 15분 정도 더 익힌 뒤 불을 끄고 5분 정도 뜸을 들여 밥을 완성한다.
4. 뚜껑을 열고 쌀과 콜리플라워를 잘 섞어 요리를 마무리한다.

홀썸팁 --

⊘ 콜리플라워에서 물이 나오기 때문에 일반 밥보다 물을 적게 잡아주세요.
⊘ 취향과 건강 상태에 따라 백미와 콜리플라워의 비율을 조절합니다.

레몬 강황밥

커리의 향을 좋아하는 저희 아들은 항염 기능이 있는 강황의 향도 좋아해서, 가끔 냄비밥을 지을 때 강황가루를 더해 강황밥을 만들어주곤 합니다. 특히 제주도에서 제철 레몬이 나오는 겨울에는 강황밥에 레몬즙을 더해 상큼한 맛을 살립니다. 매일 똑같은 밥이 지겹다면, 매일 먹는 밥을 더 건강하게 먹고 싶다면 레몬 강황밥을 시도해 보세요.

재료

백미 2컵
강황가루 1/4작은술
유기농 레몬즙 1큰술
생수 1.8컵

만드는 법

1. 백미는 흐르는 물에 여러 번 씻는다. 씻은 쌀은 20분간 물에 불린다.

2. 냄비에 백미와 준비한 생수를 넣고 강황가루와 레몬즙을 추가한 뒤 잘 섞고 물이 끓을 때까지 강불에서 끓인다.

3. 물이 끓으면 불의 세기를 약불로 줄여 뚜껑을 닫고 15~20분 정도 더 익히다가 불을 끄고 5분 정도 뜸을 들여 밥을 완성한다.

4. 뚜껑을 열고 포크로 보슬보슬한 밥을 긁어 그릇에 옮겨 담아 마무리한다.

홀썸팁 -

⊘ 강황을 처음 접한다면 맛과 향이 낯설 수 있습니다. 조금씩 추가하며 취향과 건강 상태에 맞게 조절하세요.

⊘ 고슬고슬한 밥을 원한다면 물의 양을 400ml까지 줄여서 요리합니다.

매일매일 채소찜

매일의 작은 루틴이 결국 큰 변화를 일으키지요. 아침 채소찜은 우리 가족의 염증을 줄이는 작지만 큰 습관입니다. 여름에는 생채소나 스무디, 샐러드로 대체할 때도 많지만, 추운 겨울 아침으로 먹는 채소찜은 건강뿐 아니라 소화에도 도움이 됩니다. 너무 많은 양의 채소를 찌기보다 한 번에 다 먹을 수 있을 만큼으로 시작해 보세요.

재료

브로콜리 1/2송이
당근 1/2개
애호박 1/2개
유기농 파프리카 1/2개
양배추 1/4개

만드는 법

1. 모든 채소는 깨끗이 씻고 한 입 크기로 자른다.
2. 뚜껑이 있는 냄비에 재료를 70~80%만 채운 뒤 물 3~4큰술을 추가하고 뚜껑을 닫아 3~5분간 찐다.
3. 채소가 모두 익으면 뚜껑을 열고 한 김 식힌 뒤 그릇에 담아 요리를 마무리한다.

홀썸팁

⊘ 채소가 타지 않도록 중간중간 확인하며 불 조절을 해주세요.
⊘ 채소의 종류는 취향과 건강 상태에 따라 자유롭게 선택하세요.
⊘ 일반 찜기를 활용해도 좋습니다.
⊘ 채소의 익힘 정도도 취향에 따라 조절합니다. 대부분의 채소는 5분이면 충분히 부드럽게 익습니다.
⊘ 채소찜만을 먹기 어렵다면 디핑소스(180쪽 참고)나 드레싱(172쪽 참고)을 활용하세요. 맛과 풍미가 좋아져 더욱 맛있게 먹을 수 있습니다.

오메가3 생들기름김밥

생들기름은 염증 완화에 좋은 오메가3가 풍부한 기름이에요. 김밥을 쌀 때 대부분 참기름을 이용하지만 저는 생들기름을 활용합니다. 볶은 버섯을 들깻가루에 무쳐 속재료로 활용하면 건강은 물론이고, 고소한 들깨의 향과 맛이 별미인 김밥을 맛볼 수 있어요.

버섯볶음 재료

느타리버섯 100g
깻잎 2장
들깻가루 1작은술
다진 마늘 1/3작은술
한식간장 1/2작은술
올리브오일 1/2작은술

김밥 재료

현미밥 200ml
김밥용 김 1장
생들기름 1작은술
들깻가루 1/2작은술
통깨 1작은술
소금 조금

만드는 법

1. 큰 볼에 밥과 생들기름, 들깻가루와 통깨, 소금을 넣고 잘 섞는다.
2. 느타리버섯은 마른 행주로 이물질을 털어내고 손으로 찢는다.
3. 예열한 프라이팬에 올리브오일을 살짝 두르고 찢어둔 느타리버섯과 한식간장, 다진 마늘을 넣은 뒤 중불에서 1~2분간 볶다가, 불을 끄고 들깻가루를 뿌린 다음 잘 섞는다.
4. 김밥용 김 위에 밥을 얇게 깔고 깻잎 2장을 나란히 놓은 뒤 볶아둔 느타리버섯을 올려 김밥을 만다.
5. 먹기 좋은 크기로 김밥을 썰어 요리를 완성한다.

홀썸팁

⊙ 현미밥 대신 백미밥을 사용해도 좋습니다.
⊙ 탄수화물 섭취를 줄이고 싶다면 밥 양을 조절하세요.
⊙ 들깻가루 외에도 들깻묵을 이용해도 좋습니다.

방울양배추옹심이

방울양배추는 모양도 작고 귀여운 데다, 단단한 식감과 달콤한 맛을 자랑하는 재료입니다. 100% 무농약 감자 옹심이와 함께 방울양배추를 활용하면 색다른 메뉴를 만들 수 있는데요. 동글동글 귀여운 방울양배추와 감자 옹심이가 잘 어울리는, 건강하고 맛있는 비건 요리입니다.

재료

국내산 감자 옹심이 1컵
방울양배추 1컵
다진 마늘 1작은술
올리브오일 3큰술
한식간장 1/2작은술
발사믹식초 1작은술
다진 이탈리안 파슬리 1작은술
(토핑용)
물 1~2큰술
소금과 후추 조금

만드는 법

1. 방울양배추는 겉잎을 한두 장 떼어낸 뒤 깨끗이 씻고 밑동 부분을 살짝 자른다.
2. 예열한 프라이팬에 올리브오일을 두르고 다진 마늘을 넣어 타지 않게 볶다가 손질한 방울양배추와 물 1~2스푼을 넣고 뚜껑을 덮어 중불에서 찌듯이 익힌다.
3. 뚜껑을 열어 방울양배추가 부드러워진 것을 확인한 뒤 감자 옹심이를 넣고 한식간장과 발사믹식초로 간해 잘 섞고 다시 뚜껑을 덮어 중약불에서 3~4분간 찌듯이 익힌다.
4. 옹심이가 거의 다 익어갈 때쯤 뚜껑을 열고 중불로 올려 재료가 잘 어우러지도록 1분간 볶는다. 이때 맛을 보며 소금으로 간을 더한다.
5. 접시에 옮겨 담고 후추와 다져놓은 이탈리안 파슬리를 넉넉히 뿌려 요리를 마무리한다.

홀썸팁 --

⊘ 매콤한 맛을 추가하고 싶다면 페페론치노나 청양고추를 추가해 보세요, 알싸한 고추의 맛이 뇨끼의 느끼함을 잡아줍니다.

생들기름 양배추샐러드

샐러드가 먹고 싶었지만 냉장고 속에는 양배추 밖에 없는 날이었어요. 고민하다 양배추를 가늘게 채 썬 후 오메가3가 풍부한 생들기름을 드레싱으로 뿌려 먹었는데, 너무 맛있어서 그 자리에서 양배추 반 통을 다 먹은 기억이 있습니다. 생들기름의 고소함과 양배추의 단맛이 잘 어우러지는 이 샐러드는 레시피 또한 간단하니 꼭 시도해 보세요. 들기름의 고소함을 좋아한다면 분명 좋아할 거예요.

재료

양배추 1/2개

드레싱

생들기름 드레싱(172쪽 참고)

만드는 법

1. 양배추는 겉껍질 2~3장을 벗긴 뒤 흐르는 물에 깨끗이 씻는다.

2. 채칼로 양배추를 가늘게 채 썰고 그릇에 담는다.

3. 생들기름 드레싱을 뿌린 뒤 잘 섞어 요리를 완성한다.

홀썸팁 --

⊘ 양배추는 최대한 가늘게 채 썰어야 맛이 좋아요.

⊘ 대량으로 만들어두고 오래 보관하기보다 그때그때 소량으로 만들어 드세요.

목초육 꽈리고추파스타

목초육은 건강하지만 가끔 잡내가 나는 경우가 있어요. 이때 꽈리고추를 활용하면 잡내를 없앨 수 있을 뿐만 아니라, 향긋하고 매콤한 고추 향이 고기에 배어 더욱 맛있게 즐길 수 있습니다. 현미로만 만든 푸실리 파스타를 사용하면 포만감도 높이고 소화도 잘되는 파스타를 완성할 수 있습니다.

재료

목초육 소고기 갈비살 100g
유기농 꽈리고추 4~5개
양송이버섯 2~3개
글루텐 프리 푸실리 파스타 1인분
유기농 마늘 2~3톨
한식간장 1작은술
올리브오일 2큰술
소금과 후추 조금

만드는 법

1. 소고기 갈비살은 키친타월로 핏물을 제거하고 먹기 좋은 크기로 자른다. 마늘은 얇게 저미고, 양송이버섯은 3~4조각으로 자른다.
2. 파스타는 알덴테로 미리 삶아둔다.
3. 예열한 프라이팬에 올리브오일을 두르고 마늘을 넣고 볶다가 마늘에 갈색빛이 돌면 고기를 추가해 중불에서 볶는다. 고기가 살짝 익으면 꽈리고추와 한식간장을 넣고 중불에서 한 번 더 볶는다.
4. 고기가 거의 다 익었을 때쯤 삶아둔 파스타를 넣고 잘 섞으며 볶는다. 이때 맛을 보고 소금으로 간을 더한다.
5. 불을 끄고 접시에 옮겨 담은 뒤 후추를 넉넉히 뿌리고 올리브오일을 한 번 더 둘러 요리를 마무리한다.

홀썸팁

⊘ 좋아하는 부위의 고기를 활용해 만들어보세요.
⊘ 파스타의 수분이 너무 모자라면 면수나 올리브오일을 추가해서 촉촉함을 유지합니다.
⊘ 저는 조비알 현미 푸실리 파스타를 이용했어요. 재료와 궁합이 매우 좋습니다.

항정살 숙주국수

밀가루로 만든 국수를 너무 많이 먹으면 정제 탄수화물 섭취 비율도 그만큼 높아지지요. 가끔 부담 없이 국수의 식감을 즐기고 싶을 때면 저는 숙주를 국수 대신 활용합니다. 숙주는 콩나물처럼 식감이 딱딱하지도 않고, 짧은 시간에도 잘 익으니 건강함에 더해 편리함까지 갖춘 고마운 식재료예요.

재료

무항생제 항정살 200g
숙주나물 1봉지
대파 1대(15cm)

양념

한식간장 1큰술
식초 1작은술
다진 마늘 1작은술
자른 유기농 홍고추 1작은술
생강가루 1/2작은술
물 1큰술
통깨 1작은술

만드는 법

1. 항정살을 먹기 좋은 크기로 자른다. 숙주는 흐르는 물에 깨끗이 씻고, 대파는 잘게 다진다.
2. 작은 볼에 양념 재료를 모두 넣고 잘 섞는다.
3. 예열한 프라이팬에 항정살을 올려 굽다가, 거의 다 익을 때쯤 대파와 양념을 넣고 섞으며 1분간 볶은 다음, 숙주를 넣고 뚜껑을 닫아 약불에서 1~2분간 찌듯이 익힌다.
4. 뚜껑을 열어 숙주의 숨이 너무 죽지 않았는지 확인하고 마지막으로 짧게 볶는다.
5. 그릇에 옮겨 담고 통깨를 뿌려 요리를 마무리한다.

튀기지 않은 깔라마리

깔라마리Calamari는 오징어를 활용한 요리를 의미하는데, 일반적으로 오징어를 튀긴 뒤 마요네즈 소스에 찍어 먹는 형태입니다. 하지만 튀김은 염증을 일으키는 대표적인 조리법이기 때문에 너무 많은 양을 섭취하지 않도록 주의가 필요해요. 이번 레시피는 오징어보다 더 부드러운 갑오징어를 활용해 저온 요리한, 튀기지 않은 저만의 깔라마리 레시피입니다. 튀김만큼이나 감칠맛이 풍부한 오징어 요리가 완성된답니다.

재료

냉동 손질 갑오징어 400g
유기농 빨간 파프리카 1/3개
양파 1/4개
다진 마늘 1/2큰술
오레가노 가루 1/3작은술
한식간장 2/3작은술
유기농 레몬즙 1작은술
올리브오일 3큰술
소금과 후추 조금
이탈리안 파슬리 가루 1큰술(토핑용)

만드는 법

1. 손질 갑오징어는 해동하여 흐르는 물에 깨끗이 씻은 후 길게 잘라 준비한다. 양파는 잘게 다지고, 파프리카는 가로세로 1cm 크기로 잘게 깍둑썰기한다.

2. 예열한 프라이팬에 올리브오일을 두르고 다진 마늘과 다진 양파를 넣은 뒤 볶다가, 다진 파프리카를 추가해 한 번 더 볶는다.

3. 손질한 갑오징어를 추가한 뒤 뚜껑을 덮어 중약불에서 2분간 찌듯이 익힌다. 뚜껑을 열어 오레가노 가루를 뿌리고 한식간장과 소금으로 간한 뒤 잘 섞으며 볶는다.

4. 갑오징어가 부드럽게 익으면 불을 끄고 그릇에 옮겨 담은 뒤, 레몬즙과 후추, 파슬리 가루를 뿌려 요리를 마무리한다.

홀썸팁

⊙ 강불에서는 갑오징어가 질겨지고 육수도 충분히 우러나지 않기 때문에 중약불이나 중불로 조리합니다.

⊙ 손질되어 있는 냉동 갑오징어를 활용하면 더욱 간편해요. 저는 한살림의 방사능 검사를 마친 냉동 갑오징어 제품을 이용합니다.

사과 삼겹수육

염증을 줄이기 위해서는 굽고 튀기는 조리법보다 찌거나 삶는 조리법이 더 좋지요. 이번 레시피는 돼지고기를 높지 않는 온도에서 뭉근히 찌는 방식으로, 상큼한 사과가 고기의 잡내를 없애고 사과의 향이 고기에 배어 더욱 매력적이고 특별합니다. 물을 따로 사용하지 않고 사과의 수분과 고기의 육수, 양념에 포함된 수분만으로 쪄내는 저수분 조리법이에요.

재료

무항생제 통삼겹살 3줄(500g)
유기농 사과 1개

양념

한식간장 3큰술
무첨가 요리술 3큰술
다진 마늘 2작은술

만드는 법

1. 사과는 깨끗이 씻은 뒤 얇게 저민다.
2. 작은 볼에 양념 재료를 모두 넣고 잘 섞는다.
3. 뚜껑이 있는 냄비에 잘라둔 사과를 깔고 통삼겹살을 올린 뒤 준비한 양념을 모두 붓는다. 뚜껑을 닫고 중약불에서 40~50분간 끓인다.
4. 고기가 고루 익으면 꺼내 한 김 식힌 후, 먹기 좋은 크기로 얇게 잘라 그릇에 담은 뒤 냄비에 남아 있는 사과와 소스를 고기 위에 뿌려 요리를 마무리한다.

홀썸팁 --

⊘ 오래되어 물러진 사과가 있다면 활용하세요. 단, 사과는 껍질째 사용하므로 되도록 유기농 사과를 사용하세요.
⊘ 불 조절이 어렵다면 중간중간 뚜껑을 열어 고기가 타지 않는지 확인합니다. 고기가 탈 것 같으면 물을 조금씩 부어가며 익혀주세요.
⊘ 다양한 채소와 김치를 곁들여 함께 즐겨주세요.

장수 수프 미네스트로네

'블루존'은 전 세계 장수 마을 다섯 곳을 칭하는 단어입니다. 얼마 전 블루존의 건강 비법에 관한 다큐멘터리를 보게 되었는데, 이 중 하나인 이탈리아 사르데냐 지방에서는 지금 소개하는 채소 수프인 미네스트로네를 즐겨 먹는다고 해요. 다양한 채소를 한 번에 맛있게 먹을 수 있는 염증 완화 메뉴이니 시도해 보세요.

재료

토마토 홀 캔 2개(800g)
익힌 병아리콩 1컵(70쪽 참고)
미르포아 키트(당근 1/2개, 양파 1/2개, 셀러리1대(15cm))
국내산 감자 2개(작은 것)
양배추 1/4개
돼지호박 1/2개
다진 마늘 1큰술
이탈리안 시즈닝 1큰술
월계수 잎 2장
올리브오일 2~3큰술
물 또는 채수 300ml
소금과 후추 조금

만드는 법

1. 감자, 양배추, 돼지호박과 미르포아 키트의 재료를 모두 동일한 크기로 잘게 다진다.

2. 예열한 커다란 냄비에 올리브오일을 두르고 다진 채소와 다진 마늘을 넣은 뒤 중불에서 4~5분간 볶는다. 야채가 부드러워지면 토마토 홀 캔을 넣고 주걱으로 으깨며 한 번 더 볶는다.

3. 준비한 채수 또는 물을 냄비에 붓고 뚜껑을 닫아 강불에서 10분간 팔팔 끓이다가 익힌 병아리콩을 넣고 다시 뚜껑을 닫은 뒤 10분간 끓인다. 수프가 너무 졸아들면 물을 보충하고 소금으로 간한다.

4. 이탈리안 시즈닝을 뿌리고 5분간 더 뭉근히 끓인 후 불을 끄고 요리를 마무리한다.

홀썸팁

⊙ 수프에 들어가는 야채는 취향에 따라 더하거나 빼도 됩니다. 제철 채소를 활용하면 더 맛이 좋겠지요.

⊙ 1장에서 소개한 '미르포아 키트'와 익힌 콩 통조림을 활용하면 요리 시간을 단축할 수 있어요.

⊙ 스튜처럼 되직한 식감을 좋아한다면 물의 양을 줄이세요.

⊙ 익힌 병아리콩 대신 강낭콩이나 렌틸콩 또는 숏파스타를 활용해도 좋아요.

⊙ 대량으로 만들어 소분할 경우 냉장실에서는 5일, 냉동실에서는 3개월까지 보관 가능합니다.

밀가루와 설탕 없는 바나나브레드

베이킹을 한 번이라도 해본 적 있다면 얼마나 많은 양의 설탕이 필요한지 알고 있을 거예요. 하지만 단맛이 살아 있는 잘 익은 바나나나 고구마 그리고 단호박을 활용하면 재료가 가진 자연당을 감미료로 이용해 설탕 없이 맛있는 베이킹을 즐길 수 있습니다. 이 레시피는 밀가루, 정제 설탕, 유제품, 오일이 들어가지 않은, 맛있고 간단하게 만들 수 있는 대표적인 원 볼 베이킹 메뉴입니다.

재료

바나나 3개
동물복지 유정란 3개
껍질을 벗긴 아몬드 가루 150ml
현미가루 150ml
베이킹파우더 1작은술
바닐라 익스트렉 1작은술
소금 조금
시나몬 가루 1/2작은술(선택)

만드는 법

1. 반죽으로 사용할 바나나 2.5개는 포크로 으깨고, 토핑으로 사용할 바나나 0.5개는 세로로 길게 자른다.
2. 큰 볼에 으깬 바나나, 달걀, 아몬드 가루, 현미가루, 베이킹파우더, 시나몬 가루, 바닐라 익스트렉, 소금을 넣고 잘 섞어 반죽을 만든다.
3. 파운드케이크 틀에 반죽을 붓고 그 위에 토핑용으로 남겨둔 바나나를 올린 뒤 170도로 예열한 오븐에서 35~40분간 굽는다.
4. 구운 바나나브레드를 꺼내 식힘망에 올리고 5~10분간 식혀 완성한다.

홀썸팁

- ⊘ 껍질을 벗긴 아몬드 가루를 사용하면 빵을 먹고 난 뒤에도 속이 편안합니다.
- ⊘ 충분히 익은 바나나를 활용해야 잘 으깨질 뿐만 아니리 딩도도 높아 충분한 단맛을 낼 수 있습니다.
- ⊘ 견과류나 무첨가 초콜릿칩을 토핑으로 활용해도 좋아요. 호두나 아몬드를 칼로 다져 반죽 위에 올려 굽거나 초콜릿칩을 활용해 디저트 빵으로도 활용해 보세요.
- ⊘ 이쑤시개로 바나나브레드를 찔렀을 때 반죽이 묻어 나오지 않으면 잘 익은 거예요. 덜 익었다면 오븐에서 조금 더 구워주세요.
- ⊘ 바나나브레드는 굽고 바로 먹기보다 6~7시간 정도 식혔을 때 더 맛있어요. 저는 전날 밤에 미리 구워두고 다음 날 아침이나 점심에 먹곤 합니다.

참기름 없는 목초육소고기뭇국

많은 소고기뭇국 레시피가 고기를 참기름에 볶으라고 안내합니다. 하지만 참기름은 발연점이 낮기 때문에 고온의 불로 가열하면 발암 물질이 생길 수 있어요. 사실 참기름을 사용하지 않아도 충분히 담백하고 고소한 국을 만들 수 있답니다. 사료가 아닌 풀만 먹고 자라 건강한 지방산 비율을 가진 목초육을 활용하면 몸에 이로운 소고기뭇국이 완성돼요.

재료

목초육 소고기 200~250g
(국거리용)
무 2/3개
다진 마늘 1큰술
대파 2대(각 15cm)
물 1L

양념

한식간장 1큰술
무첨가 멸치액젓 1/2큰술
소금 조금

만드는 법

1. 세척한 무는 5~6cm 크기로 어슷썰기나 나박썰기하고 대파는 채 썬다. 소고기는 키친타월로 꾹꾹 눌러 핏물을 제거한다.

2. 냄비에 잘라둔 무와 소고기, 다진 마늘과 채 썬 대파의 흰 뿌리를 넣은 뒤 물 200ml를 붓고 뚜껑을 닫아 강불에서 끓인다.

3. 물이 끓어오르면 재료가 잘 섞이도록 한 번 저어주고, 한식간장과 멸치액젓으로 간한 뒤 남은 물 800ml를 붓고 강불에서 10분 이상 끓인다. 중간에 뚜껑을 열고 너무 졸아들었다면 물을 조금 추가한다.

4. 맛을 보고 필요하면 소금으로 간을 더한 뒤 대파의 초록 부분을 넣고 1~2분간 더 끓인 후 요리를 마무리한다.

홀썸팁

⊘ 참기름을 활용하고 싶다면 국을 모두 끓이고 그릇에 담았을 때 한 바퀴 둘러줍니다.
⊘ 무는 반듯하게 나박썰기를 해도 좋지만, 어슷썰기를 했을 때 식감이 더 살아나요.

병아리콩 코코넛커리

커리 가루에 포함된 강황은 항염 작용을 돕는 대표적인 재료 중 하나지요. 첨가물 없는 커리 가루와 다양한 채소를 활용하면 건강한 커리로 한 끼 식사를 즐길 수 있어요. 코코넛 밀크 특유의 부드러운 질감과 달콤함이 자칫 심심할 수 있는 커리의 맛과 향을 한층 더 업그레이드해 주는 레시피예요.

재료

익힌 병아리콩 1.5컵(70쪽 참고)
양파 1개
유기농 파프리카 1개
냉동 그린빈 1/2컵
토마토 퓌레 400g
커리 가루 1큰술
다진 마늘 1큰술
다진 생강 1/2작은술
다진 고수 2큰술(토핑용)
무첨가 코코넛 밀크 1/2컵
올리브오일 2큰술
소금과 후추 조금

만드는 법

1. 양파와 파프리카는 동일한 크기로 잘게 다진다. 병아리콩은 미리 삶아 익혀두고, 냉동 그린빈은 5cm 길이로 자른다.

2. 예열한 냄비에 올리브오일을 두르고 다진 양파와 파프리카, 생강과 마늘을 넣고 볶다가 커리 가루를 추가해 1분간 볶는다. 토마토 퓌레를 더한 뒤 한 번 더 볶아주다가 코코넛 밀크를 넣어 재료가 잘 섞이도록 3~4분간 끓인다.

3. 소스가 끓어오르면 익힌 병아리콩과 잘라둔 그린빈을 추가하고 물을 넣어 농도를 조절하며 10분 정도 푹 끓인다. 이때 필요하면 소금으로 간한다.

4. 토핑용으로 다진 고수를 올려 요리를 마무리한다.

홀썸팁 -

- ⊘ 토마토 퓌레는 100% 토마토로 만든 제품이나 토마토와 소금만 들어간 제품을 사용합니다. 코코넛 밀크 역시 유화제나 식품첨가물이 없는 제품을 선택하세요.
- ⊘ 올리브오일 대신 코코넛오일을 활용하면 코코넛의 풍미가 더욱 살아납니다.

밀가루 없는 배추만둣국

제철 배추는 달큰해 어떤 요리를 만들어도 맛있지요. 그중 배추만둣국은 소화도 맛도 단연 1등인 배추 요리입니다. 밀가루로 만든 만두피를 사용하지 않기 때문에 한 그릇을 다 먹은 뒤에도 속이 편안해요. 육수의 시원한 맛이 쌓인 피로를 풀어주는 편안하고 건강한 일품 요리로 추천합니다.

배추만두 재료

알배추 1/2통
무항생제 다진 돼지고기 150g
두부 1/3모
다진 쪽파 1큰술
생강가루 1/4작은술
소금 조금

만둣국 재료

멸치 육수 300ml(47쪽 참고)
생들기름 1작은술
한식간장 조금

만드는 법

1. 알배추를 뜨거운 물에 2~3분간 담가 배춧잎이 부드러워질 때까지 익힌다. 두부는 으깨 준비한다.
2. 큰 볼에 다진 돼지고기, 으깬 두부, 생강가루, 소금을 넣고 잘 섞어 만두소를 만든다.
3. 뜨거운 물에 담가둔 배추의 딱딱한 줄기 부분은 제거하고, 부드러운 잎 부분에 준비한 만두소를 올리고 돌돌 말아 만두를 만든다.
4. 냄비에 멸치 육수를 붓고 한식간장으로 간한 뒤 냄비 위에 찜기를 올려 만들어둔 배추만두의 속재료가 모두 익을 때까지 뚜껑을 닫고 찐다.
5. 그릇에 잘 익은 만두를 옮겨 담고, 배추즙과 고기 육수가 더해진 멸치 육수를 부은 뒤 생들기름을 두르고 쪽파를 뿌려 요리를 마무리한다.

홀썸팁

⊘ 다양한 채소를 활용해 만두소를 더욱 풍성하게 만들어보세요.

DIY 항염볼

한 그릇 음식은 내가 먹는 식사 구성을 한눈에 볼 수 있다는 것이 장점이지요. 이번에 소개하는 항염볼은 다양한 항염 식재료를 취향에 따라 구성해 완성한 요리입니다. 저는 주로 그릇의 50%는 채소, 25%는 복합 탄수, 25%는 질 좋은 단백질로 구성해요. 그릇에 모든 재료를 담고 난 뒤 마지막으로 오메가3가 풍부한 들기름이나 올리브오일을 둘러 모자란 영양소를 보충하지요. 제가 소개하는 레시피 외에도 내 몸의 염증을 줄일 수 있는 식재료를 선택해 나만의 항염볼을 만들어보세요!

재료

적양배추 1/8개
방울토마토 10개
유기농 파프리카 1/4개
어린잎채소 1줌
아보카도 1/2개
현미밥 1/3공기
익힌 병아리콩 2/3컵(70쪽 참고)
익힌 렌틸콩 1/3컵(70쪽 참고)
볶은 호두 혹은
아몬드 1/4컵(토핑용)

드레싱

발사믹 비니그레트 (172쪽 참고)

만드는 법

1. 적양배추와 파프리카는 깨끗이 씻어 찜기에 4~5분간 익힌다.
2. 어린잎채소는 흐르는 물에 깨끗이 씻고 물기를 제거한다. 방울토마토는 반으로 자르고, 아보카도는 껍질과 씨를 제거해 먹기 좋은 크기로 자른다.
3. 큰 볼에 현미밥을 깔고, 방울토마토와 찐 양배추, 파프리카, 어린잎채소, 익힌 병아리콩, 렌틸콩을 올린다.
4. 발사믹 비니그레트 드레싱과 잘게 부순 호두를 뿌려 요리를 마무리한다.

홀썸팁

⊙ 항염볼에 사용할 재료는 앞에서 소개한 〈염증을 줄이는 재료(214쪽)〉를 참고해 취향껏 선택합니다. 정답이 있는 것은 아니니 자신의 몸에 맞게 자유롭게 디자인하세요.
⊙ 모든 재료는 굽거나 튀기기보다 찌거나 찌듯이 볶는 조리법을 활용합니다.

치킨파프리카 레터스랩

이 메뉴는 유명한 중식당의 메뉴를 저만의 스타일로 변형해 완성한 레시피입니다. 밀가루로 만든 또띠아 대신 부드럽고 고소한 버터헤드 레터스를 활용했어요. 덕분에 정제 탄수화물의 섭취량도 줄이고 신선한 재료의 맛을 더 잘 느낄 수 있습니다. 당연히 다이어트에도 좋은 메뉴이니 자주 활용해 보세요.

재료

레드 마리네이드 치킨 300g
(72쪽 참고)
버터헤드 레터스 1송이
유기농 빨간 파프리카 1/2개
유기농 노란 파프리카 1/2개
양파 1/4개
올리브오일 1큰술
소금과 후추 조금

만드는 법

1. 파프리카와 양파는 동일한 크기로 잘게 다진다. 버터헤드 레터스는 밑둥을 제거한 뒤 흐르는 물에 깨끗이 씻고 물기를 제거한다.
2. 예열한 프라이팬에 올리브오일을 두르고 레드 마리네이드한 치킨을 올려 익힌다. 닭고기가 반 정도 익으면 먹기 좋은 크기로 잘게 자른 뒤 양파와 파프리카를 추가해 짧게 볶는다.
3. 뚜껑을 덮어 닭고기가 완전히 익을 때까지 찌듯이 익힌다.
4. 그릇에 잘 익은 치킨파프리카볶음과 손질한 버터헤드 레터스를 함께 담아 요리를 마무리한다.

홀썸팁

⊘ 버터헤드 레터스에 치킨파프리카볶음을 한 스푼씩 올려 쌈을 싸거나 랩을 말듯 먹어요.
⊘ 버터헤드 레터스 대신 로메인, 양상추, 상추 등 좋아하는 잎채소를 무엇이든 활용해 보세요.

C H A P

T   E   R   5

우리가 집밥을 해야 하는 진짜 이유

나를 사랑하는 식사

"레시피는 레시피를 본 사람의
마음에 머물면서 그 사람의 요리 습관,
때로는 삶의 방식까지 바꿔놓는다."

나카가와 히데코   中川秀子

지금까지 제가 건강한 집밥을 꾸준히 해올 수 있었던 여러 노하우와 방법, 또 그 이유에 대해서 이야기했습니다. 작은 의미에서는 개인 건강을 위해서, 큰 의미에서는 음식 산업과 우리 환경에 대한 경각심 등도 이유가 되겠네요. 하지만 제가 집밥을 계속 고집하는 가장 큰 이유는 부엌에서 내 손으로 만들어지는 집밥을 통해 나를 더 돌볼 수 있고, 사랑할 수 있고, 결국 행복해질 수 있기 때문입니다. 그렇기에 그저 영양학적 관점에서 집밥을 바라보기보다, 그 이상의 숨은 의미를 찾아내는 것이 중요하다고 생각해요.

제가 가족에게 선사하는 집밥은 어떤 의미일까요? 아이는 하루 세 번 부엌에서 요리하는 제 모습을 어떻게 바라볼까요? 마음이 힘들거나 속상할 때, 제가 차려주는 밥은 그들에게 어떤 위로가 될까요? 제 요리의 냄새는 가족의 마음과 우리 집을 어떻게 채우고 있을까요? 아이가 힘들게 공부할 때 내놓는 저만의 간식이 아이에게 어떤 휴식을 줄까요? 아픈 아이 입에 넣어주는 죽 한 숟갈이 아이를 어떻게 치유할까요?

제가 매끼 직접 식사를 준비하는 것도, 배달 음식을 자주 먹기 꺼리는 것도, 가족의 건강을 위해 식재료를 고민하는 것도, 최대한 예쁘게 담아 대접하고 싶은 것도 아마 이런 이유 때문이 아닐까 싶어요. 매일의 집밥은 영양소를 공급하는 먹거리의 의미를 넘어서, 가족에게 매일 사랑한다고 말하는 소통 창구이자, 가족을 유대감으로 묶는 팀 빌딩의 기회이고, 상상 속에 설계한 맛을 탄생시키는 예술 행위이면서, 가족이 속상할 때 치유책이 될 수 있는, 기쁠 때는 기쁨의 희열을 증폭시키는

나에게 대단히 중요한 일이자 눈물 나게 감사한 축복입니다.

집밥, 그리고
행복한 균형에 대하여

진짜 건강한 집밥의 비밀

건강을 위해 피해야 할 음식은 참 많습니다. 감자튀김이나 바비큐는 발암물질을 생성하고, 커피에도 곰팡이 독소가 있을 수 있지요. 술은 웬만해선 마시지 않는 편이 뇌 건강에 좋으며, 흰 빵은 식이섬유 없는 정제 탄수화물의 대명사예요. 모두 다 그런 것은 아니겠지만 많은 바깥 음식에는 건강에 해로울 수 있는 기름과 조미료, 설탕이 넘쳐나고 배달 음식의 포장 용기는 환경호르몬의 위험에서 자유로울 수 없습니다. 그런데 아무리 우리가 의식하고 조심한들 이 모든 걸 100% 피할 수 있을까요?

스트레스를 관리하지 않으면 아무리 좋고 건강한 음식을 먹더라도 그 장점을 누릴 수 없습니다. 진부한 말이지만 만병의 근원이 스트레스라고도 하지요. 그래서 불가피한 상황에서 건강한 식단을 고집하며 스트레스를 받기보다는 상황에 따라 유연성을 가져야 해요. 그래야 더 긴 시간 동안 건강한 식단을 유지할 수 있습니다. 다만 내가 뭘 먹고 있는지 평소에 잘 인지해야 하며, 다시 일상으로 돌아왔을 때 건강한 자연재료로 집밥을 챙겨 먹으면 됩니다.

많은 전문가들도 음식과의 부정적인 관계로 인한 스트레스가 염증의 원인이라고 지적합니다. 참지 못하고 정크 푸드를 먹고 난 뒤 자기비하를 하거나 스트레스를 받고 괴로워한다면 만성 염증의 굴레에서 벗어날 수 없습니다. 계속되는 스트레스는 교감 신경을 흥분시키고, 스트레스 호르몬을 분비해 소화를 어렵게 하고, 영양소 흡수율을 떨어뜨릴 수 있어요. 그러니 이른바 치팅이라 불리는 음식을 먹었다면 식사 후 나의 상태를 인지하고, 다음에는 몸에 좋지 않은 음식을 줄이겠다 다짐하고 넘어가세요. 인내심 없는 나를 자책할 필요도 없습니다. 자신을 혐오하고 비난하며 음식과 부정적인 관계를 맺으면 결국 건강이 악화될 뿐만 아니라, 장기적으로도 음식과 건강한 관계를 맺지 못하게 됩니다. 그래서 저도 가끔 외식을 하거나 배달 음식을 먹을 때면 스트레스받지 않고 기분 좋게 즐기려 해요.

한 가지 신기한 점은 건강한 집밥을 오랫동안 기본 식단으로 유지하면 자극적인 음식에 대한 열망이 사라진다는 거예요. 예전에는 맛있다고 생각했던 메뉴가 더 이상 맛있는 음식 목록에 오르지 않을 때 제 입맛이 변했음을 새삼 깨닫습니다. 또 처음부터 완벽하기보다 행복한 균형을 지키다 보면 건강한 집밥을 더 오래 즐길 수 있다는 사실도 깨닫게 되었답니다.

음식을 드세요. 영양소 말고

펜실베이니아대학의 폴 로즌 교수는 미국인과 프랑스인에게 '초콜릿 케이크'라는 단어를 보여주고 떠오르는 단어가 무엇인지 알아보는 실험을 진행했습니다. 그 결과는 매우 흥미로웠는데요. 미국인은 초콜릿 케이크라는 단어를 보고 '죄책감guilt'이라는 단어를 떠올린 반면, 프랑스인은 '축하celebration'라는 단어를 떠올렸다고 합니다. 상대적으로 당뇨나 비만·심혈관 질환에 시달리는 인구수가 많아 건강한 식습관에 대한 강박과 스트레스가 높은 미국인은 음식에 대한 부정적인 인식이 강하다는 것을 보여준 결과가 아닐까 생각합니다. 케이크는 원래 축하하기 위해 만들어진 음식임에도 원래 의미는 사라지고 죄의식을 불러일으키는 나쁜 음식으로 전락해 버린 거예요.

'건강음식집착증'이라고도 불리는 '오소렉시아 너보사Orthorexia Nervosa'는 말 그대로 건강한 음식 섭취에 병적으로 집착하는 태도로, 저체중이나 영양 불균형을 초래하는 등 건강에 치명적인 결과를 낳는 정신 이상 증상입니다. 이 증상에 시달리는 사람은 자신이 옳다고 생각하는 식단을 따르지 않는 이를 경멸하기도 하고, 식습관을 어긴 스스로에 대해 죄의식과 자기혐오를 느끼기도 해요.

건강하게 먹는 것은 정말 중요한 일이지만, 건강한 식단에 대해 건강하지 않은 집착을 갖지 않도록 언제나 경계해야 합니다. 건강한 음식에 지나치게 집착하거나, 식단에 스스로를 가둬놓거나, 타인에게 식단을 강요하거나, 내가 먹는 음식에 죄의식을 갖는다면 아무리 건강한 음식을 먹어도 건강에 해로울 수밖에 없습니다. 저 역시 영양학적 지식을 바탕으로 요리를 하고 음식을 먹을수록 더 많은 어려움과 마주하곤 했습니다. 하지만 많은 연구를 통해 밝혀진 영

Chocolate Cake

274

양학 사실들이 누구에게나 완벽하게 적용되는 것은 아니며, 완벽한 영양소 섭취가 완전한 건강을 의미하지 않음을 점차 깨달았어요. 누구와 어떤 마음으로, 어떤 환경에서, 어떻게 먹느냐 등 수많은 요소로 그 결과는 충분히 달라질 수 있습니다.

장점만을 가진 사람이 없듯, 음식 역시 저마다의 장단점을 가지고 있습니다. 당연히 영양학적으로 결점 하나 없는 완벽한 식단 역시 존재할 수 없어요. 식재료가 내 몸에 어떤 영향을 줄지, 남이 좋다는 음식이 나에게 정말 이로울지, 그 음식을 먹고 이상이 없을지, 몸 안에서 일어나는 복합 다면적인 과정을 모두 파악하기란 불가능하며 몇 개의 슈퍼 푸드를 먹는 것으로 이 문제를 모두 해결할 수도 없습니다.

제가 집밥을 하는 이유도 마찬가지입니다. 제 식단이 영양학적으로 완벽하게 이롭기 때문이 아니에요. 저는 음식은 예술과 같아서 사람들에게 감동과 응원, 행복, 위안, 희열을 선물한다고 생각합니다. 우리가 생각하는 것보다 훨씬 더 고차원적인 대상이며 다면적이고 파급력이 큰 대상이에요. 처음에는 저도 건강이나 식단 관련 서적만을 공부했지만, 지금은 식사에 대한 역사와 문화 등 인문학적 측면을 더 살피고 있지요.

너무 엄격한 영양학 잣대로 건강한 식단에 대한 강박에 갇혀 있거나, 단편적인 영양학적 사실에 휘둘려 '먹는다'는 행위의 큰 그림을 보지 못한다면 그것은 결코 건강한 삶이 아닙니다. 먹는다는 축복 같은 행위를 온전히 누릴 기회를 놓쳐버려요. 완벽주의자의 면모를 지녔던 과거의 저는 이러한 불안과 강박에 시달린 적도 있었지만 지금은 최대한 균형 있는 시각을 가지기 위해 노력 중이랍니다.

영양학적 지식은 우리가 식단을 짜는 데 참고해야 할 유용하고 필요한 정보임은 분명지만, 그 전에 음식을 먹는 행위가 얼마나 큰 축복이고 아름다운 일인지 인지하고, 감사하는 마음을 가져야 합니다. 완벽한 기준을 앞세워 스트레스를 받기보다 현명하고 유연하고 즐거운 식생활 패턴을 찾길 바랍니다. 나아가는 방향이 명확하다면 가끔 찾아오는 잠깐 휴식은 더 효과적으로 목적지에 도달하는 데 도움이 되리라 믿습니다. 그러니 음식을 드세요. 영양소 말고요!

식단에 대하여 깨달은 세 가지

외식을 자주 했던 유학 시절, 잠시 한국에 들어와 엄마가 차려준 집밥을 먹을 때 저의 첫마디는 이랬습니다. "이거였어! 아, 살 것 같다." 오랜만에 집밥을 먹은 경험이 있다면 누구나 비슷한 감정을 느낄 거라 생각해요.

저는 집밥이 나의 뿌리가 있는 곳이라 생각합니다. 그래서 부엌을 주도적으로 책임지고 끌고 간 이후로, 가족의 뿌리가 되어줄 집밥을 건강하고 행복하게 꾸려나가는 방법에 대해 정말 많은 고민을 했어요. 그 과정에서 제가 결코 잊지 말아야 할 중요한 사항 몇 가지를 깨달았습니다.

첫째, 집밥은 유행을 좇는 것이 아니라 긴 호흡으로 꾸준히 함께할 수 있는 가치를 품어야 한다는 사실입니다. 과거 체중 감량에 도움이 된다는 이유로 몇몇 식단이 큰 인기를 끌었습니다. 식단을 통해 원하는 몸무게에 다다르면 다시 원래의 식사 스타일로 돌아가는 일도 많았지요. 하지만 건강한 식사란 단기간의 체중 감소만이 목표가 되어서는 안 돼요. 식사는 체중·체지방량과 같은 우리 몸의 지표에도 영향을 미치지만, 장기적으로는 마음과 정신에도 영향을 줍니다. 내가 하는 식단이 단 며칠, 몇 주 동안의 이벤트가 아니라 내가 평생 함께해야 할 가치임을 잊지 마세요.

진짜 나에게 좋은 식사가 무엇인지 파악하기 위해서는 신체 지표를 넘어 내가 느끼는 기분은 어떤지, 만성 두통이나 피부 상태가 얼마나 좋아졌는지, 에너지 레벨, 삶에 대한 애착과 마음가짐 등은 어떠한지 등을 모두 체크해야 합니다. 집밥이 나의 뿌리인 만큼 내 육체와 마음 모두에 영향을 미치니까요.

둘째, 집밥을 균형적인 시각으로 바라봐야 합니다. 우리의 신체는 무척 복잡해요. 그 때문에 부분의 합이 결코 전체가 될 수 없어요. 몸은 오케스트라처럼 모든 요소가 조화롭게 움직이는 유기적 존재이기 때문에, 단편적인 사실과 원리에만 치우쳐 생각하면 안 됩니다. 혈당 관리를 위해 과일을 전혀 먹지 않는다는 선택은, 혈당 관리에는 의미 있는 일일지 몰라도 식이섬유나 미량 영양소의 부족으로 이어질 수 있어요. 저탄수에 너무 과하게 집착하면 통곡물이나 채소가 가지고 있는 항염 요소를 놓칠 뿐만 아니라 장 건강에 해로울 수 있습니다. 몸의 유기적인 관계를 관망하고 나무보다는 숲을 보면서 음식이 내 몸 전체에 어떠한 영향을 주는지 비판적으로 사고해야 합니다. 우리 몸에는 아직 과학과 의학이 밝히지 못한 구석이 많아요. 그렇기에 정답을 찾아가려 하기보다, 비판적이고 균형적인 시각을 가지고 즐겁게 몸에 대해 알아간다는 생각을 가지는 것이 중요합니다.

마지막으로 가장 중요한 부분은 음식과 긍정적인 관계를 쌓는 것입니다. 음식은 즐겁게 먹어야 합니다. 눈부신 기술의 발전 덕에 우리는 음식에 대한 정보를 손쉽게 얻을 수 있어요. 하지만 그러한 지식이 우리의 식사를 더 불편하고 힘들게 하는 경우도 많습니다. 바코드만 찍으면 얻을 수 있는 음식 정보는 오늘 먹는 음식의 칼로리를 매번 계산하게 하고, 오늘 섭취한 탄수화물 양이 많으면 스트레스를 받게 됩니다. 단식 앱은 음식에 대해 과도한 인내를 요구하기도 하고, 인터넷 기사에서 본 건강 상식으로 아이들에게 채소를 강요하다 식사 자리가 울음바다가 되기도 합니다.

과학적이고 정확한 것도 좋지만, 우리가 결코 놓쳐서는 안 되는 가장 근본적인 가치는 나와 음식의 관계입니다. 항상 기쁜 마음으로 음식을 먹고 긍정적인 에너지로 식사 자리를 채우세요. 영양소 하나가 갖는 영향력보다 즐겁게 먹는 식사의 영향이 더 클 수 있습니다. 스트레스는 모든 영양소 섭취를 한 번에 무용지물로 만들 만큼 강력하거든요. 음식과 긍정적인 관계를 유지하려고 노력하세요. 가족과의 웃음이 꽃피는 식사 시간은 그래서 중요합니다.

운동해라, 명상해라, 채식해라 등 건강을 위한 조언이 많지요. 하지만 아무도 부엌에서 요리를 직접 더 많이 하라고 제안하지는 않는 듯해요. 하지만 저는 부엌에 더 많이 설수록 더 건강해진다고 생각합니다. 부엌에서 매일 칼과 불을 쓰는 그 시간은 내 몸에 대해 다시 한번 생각하는 계기가 되고, 내 몸을 사랑하는 방식을 배울 기회거든요. 건강한 집밥을 찾아가는 과정이 너무 유난스럽거나, 힘들거나, 지치는 일이라고 생각하지 않았으면 합니다. 여러 발전 덕에 노력이나 시간을 투자하지 않아도 원하는 결과를 얻을 수 있는 세상이지만, 내 몸의 에너지를 만드는 식사에 관해서는 좀 더 인내심을 가지고 깊게 고민하길 바랍니다. 이 모든 과정을 즐거운 여행이라고 생각하면 어떨까요? 저의 뿌리인 집밥이 제 인생을 더 풍요롭고 건강하게 만든 중요한 시작점이었다는 것에 의심이 없으니까요.

집밥, 그 무한한
매력에 대하여

요리, 그냥 즐기세요

제가 하루 중 식사를 준비하고 먹고 치우는 시간을 대략 계산해 보니 적어도 3시간은 되는 듯합니다. 깨어 있는 16시간 중 3시간이라니, 활동 시간의 20%를 요리하고 먹는 데 쓰는 셈입니다. 그러니 요리하고 먹는 일만 잘 꾸려나가도 잘 산다고 말할 수 있지 않을까요?

그래서 우리는 이 중요한 행위를 즐겁게 해야 합니다. 그렇지 않으면 인생의 너무 많은 시간을 가치 있게 꾸려갈 기회를 놓치고 말아요. "저는 요리에 정말 소질이 없어요"라고 말하는 분도 있을 거예요. 그런데 저도 그런 사람 중 하나였답니다. 요리를 하기보다 먹는 걸 잘하는 사람이었어요. 예전의 저를 알던 사람들은 제가 요리를 한다는 소리에 눈을 동그랗게 뜨고 이렇게 물을지도 몰라요. "네가 요리를 한다고?"

코로나19로 이동이 제한되면서 2020년 한 해 동안 저는 여행을 한 이틀과 외식 몇 번을 제외하고 363일, 총 1081끼를 직접 만들었습니다. 다음 해인 2021년에는 1052끼를, 2022년에는 1033끼를 만들었지요. 3000끼가 넘는 식사를 연달아 준비하며 제 요리 실력은 스스로도 놀랄 정도로 성장했습니다. 레시피 없이 불 앞에 서면 불안했던 제가 손대중과 감으로 요리를 완성하기 시작했어요. 자연스럽게 나를 위한 최고의 맛을 파악하고 구현해 냈고, 풍미를 형성하는 재료의 조합과 조리법을 터득하며 어떤 마음으로 요리를 하면 맛이 달라지는 것을 알게 됐습니다. 같은 음식이라도 그릇에 담는 방식에 따라 맛이 달라진다는 것을, 잔뜩 힘을 준 음식보다는 오히려 힘을 뺀 음식이 훨씬 더 강력한 힘을 지닌다는 것도 알게 되었습니다. 비싸고 화려한 레스토랑 음식이 제일 맛있다고 생각했지만, 최소한의 재료와 최소한의 조리로 만든 음식의 매력을 알고 난 뒤로는 집밥이 훨씬 맛있어졌습니다. 요리의 스펙트럼이 넓어지고 과정의 즐거움도 커졌고 상상했던 요리를 그대로 재현해 냈을 때는 그렇게 뿌듯할 수가 없었습니다. 제가 너무 멋져 보였어요.

레시피에 의존하기보다 요리의 즐거움에 풍덩 빠져보세요. 요리의 세계에서 잔잔히 매일매일 유영해 보세요. 계량 하나하나에 집착하기보다 눈이, 코가, 귀가, 손가락이, 몸이 느끼는 감을 따라보세요. 레시피를 따르지 않아서 요리에 실패하는 게 아니라, 혀, 코, 귀, 촉각 등 우리의 오감과 본능을 믿지 않아 요리에 실패한다고 생각합니다. 요리는 결국 사람이 하는 일이기 때문입니다.

모든 사람이 요리의 즐거움을 깨닫기를 바랍니다. 매일 부엌에 들어가고 요리하는 일이 인생의 작고도 거대한 행복이 되었으면 좋겠어요. 제가 좋아하는 요리사 줄리아 차일드는 "두려움 없이 요리하고 실수로 배우며, 무엇보다도 재미있게 요리하라"라고 했어요. 마이클 폴란 교수는 "인생의 다양하고 복잡한 여러 문제가 요리를 통해 해결된다는 걸 깨닫고 매우 행복했다"라고 했습니다. 그러니 여러분도 요리의 즐거움에 빠져보세요. 집밥을 해야 한다는 중압감이나 책임감으로는 꾸준히 건강한 집밥을 만들 수 없어요. 대신 설레는 마음으로 매일의 식사에 기대를 가져봅시다. 상상하지도 못했던 요리의 환상적인 매력에 빠질 수 있을 겁니다.

내 몸이 기준이 되는 집밥

저 역시 저에게 맞는 식단을 찾는 과거 여정이 결코 순탄치 않았습니다. 나의 건강을 지켜줄 완벽한 식단이 있을 거라 믿었고, 그 식단을 찾기 위해 유명한 전문가를 팔로우하고 다양한 시도를 했거든요. 하지만 저탄고지부터 채식, 여러 보충제와 단식 등 다양한 식단 경험을 통해 얻은 저의 결론은 누구에게나 적용 가능한 '완벽한 식단'은 없다는 것입니다.

저탄고지, 현미 채식, 팔레오와 같은 '식단의 이름'으로 정한 식단은 저마다의 체질과 신체 상황을 완벽하게 반영하지 못합니다. 그러니 어떤 식단을 선택할지 정하기보다, 내 몸이 어떤 상황인가를 살피는 것이 건강한 식단을 찾는 첫걸음이에요. 어떤 음식이 좋은지 안 좋은지는 영양과 효능이 아닌, 그 음식이 나에게 잘 맞는지 아닌지가 기준이 되어야 합니다. 모두가 좋다고 하는 슈퍼 푸드도 먹었을 때 기분이 좋지 않고 컨디션이 나빠진다면 결국 나에게는 정크 푸드일 뿐입니다.

이를 파악하기 위해서는 몸의 신호를 잘 알아차려야 합니다. 우리의 몸은 지금 이 순간에도 우리에게 말을 걸고 있습니다. 우리는 단지 그 목소리를 잘 알아채지 못하거나, 무시하거나, 연관 관계를 찾지 못할 뿐이에요. 아토피나 여드름과 같은 피부 트러블이나 소화 불량, 복부팽만감, 브레인포그(안개가 낀 듯 머릿속이 뿌옇고 집중력이 저하되는 현상), 쏟아지는 졸음, 수면의 질 저하, 체중 증가, 늘 허기지고 음식에 대한 집착과 갈망이 증가하는 현상, 심한 감정 기복 또는 우울과 불안·두통 또는 편두통, 생리불순, 심한 생리통, 다낭성 난소 증후군, 이 외에도 당뇨나 고지혈증, 심장질환 같은 질병 등 '무엇'을 먹고 '어떻게' 먹는지에 따라 우리 몸은 다양한 증상을 통해 음식의 영향을 꾸준히 이야기합니다.

저는 몸에 평소와 다른 증상이 나타나면 최근에 먹은 음식 중 의심이 가는 것을 식단에서 제외합니다. 그리고 2주 또는 그 이상의 기간이 지나고 그 음식을 다시 식단에 포함해요. 그다음 그 음식을 먹은 전과 후에 내 몸과 컨디션이 어떻게 달라지는지 살핍니다. 이렇게 저에게 맞는 음식과 그렇지 않은 음식을 구분해 나갈 수 있어요. 이것은 많은 전문가가 제안하는 방법이기도 하니 한번 시도해 보세요.

커피는 제가 평생 먹어온 기호 식품이고 커피의 장점도 분명하지만, 커피를 마신 뒤 저는 수면의 질 저하와 잔잔한 두통에 시달리곤 했습니다. 그래서 시험 삼아 커피를 2주 동안 식단에서 제외했더니 실제로 여러 변화가 나타났어요. 잠을 자다 중간에 깨는 경우가 눈에 띄게 줄었고, 늘 달고 다니던 잔잔한 두통이 사라졌습니다. 더 정확하게 확인하기 위해 2주가 지난 뒤 다시 커피를 마셨더니 그동안 사라졌던 증상들이 다시 돌아왔습니다. 이를 통해 커피가 나에게 좋지 않은 음식임을 인지하고 식단에서 점차 제외해 나갔습니다.

이와 비슷한 과정을 통해 현재 저는 커피 외에도 밀가루(글루텐), 우유 및 유

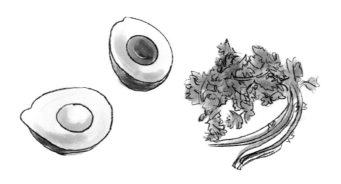

제품, 정제 설탕을 식단에 거의 포함하지 않아요. 물론 식단에서 제외해야 하는 대상은 사람마다 다릅니다. 제 남편은 특정 생채소를 제외한 후 장 상태가 더욱 편안해졌고, 소화 불량도 개선되었습니다.

또 하나 명심할 점은 아무리 잘 맞았던 식단도 시간이 지나면 잘 맞지 않게 될 수 있다는 거예요. 식단을 장기간 지속하면서 과거 예민하게 반응했던 재료에 익숙해질 수도 있고, 잘 맞았던 음식에서 새롭게 이상 증상이 생길 수 있습니다. 늘 몸의 변화를 관찰해야 하는 이유지요. 전문가와의 상담이나 검사를 통해 식단을 구성할 수도 있고, 최근에 많이 생기는 기능의학병원의 전문가 상담을 통해 자신에게 맞는 식단을 찾을 수도 있습니다. 혹은 집에서 간단히 활용할 수 있는 개인맞춤 영양 검사 키트 등도 있으니 시도해 보세요.

우리는 수많은 식사와 영양 정보에 둘러싸여 있습니다. 하지만 정작 우리의 몸을 찬찬히 관찰하고 변화를 분석하는 일에는 익숙하지 않지요. 꼭 알아야 할 정보처럼 전달하는 자극적인 건강 상식에 잠시 귀를 닫고, 내 몸이 들려주는 소리에 귀를 기울여보세요. 우리 몸이 하는 이야기를 들어주세요. 그리고 음식과 생활 습관의 관계를 파악하세요. 아이를 돌보듯 내 몸의 반응을 유심히 살피세요. 그러면 유행하는 식단이나 SNS 속 건강 정보에 휩쓸리며 스트레스받기보다 스스로에게 꼭 맞는 식단을 찾을 수 있을 겁니다.

내 식사는 유난합니다

프랑스 의원이었던 브리야 사바랭은 이런 말을 남겼어요. "당신이 무엇을 먹는지 알려달라. 그러면 나는 당신이 어떤 사람인지 알려주겠다." 또 일본의 관상가 미즈노 남보쿠는 관상을 판별하는 능력에 앞서 인간의 길흉화복이 먹는 음식에 달려 있음을 강조했습니다.

우리는 먹는다는 행위로 삶을 이어가요. 그래서 저는 언젠가부터 내가 먹는 것에 스스로 책임지겠다는 생각을 하게 되었어요. 내가 먹는 음식이 내가 어떤 사람인지 대변한다는 사실을 새삼 깨달았기 때문입니다. 가공식품을 배제하고 자연식품을 중심으로, 재료의 맛과 향을 살리며, 간단하고 쉽게 조리해, 내 몸 상태에 집중한 식사를 꾸리겠다는 제 철학은 때때로 제가 추구하는 삶의 모습과 닮아 있습니다. 건강하고 자연스럽게 먹으려는 저의 의지는 나를 더 사랑하며 살아가고 싶은 삶의 방식이기도 합니다.

그런데 가끔 제 결심에 '유난하다'는 평가가 따라붙기도 합니다. 유난이라는 단어의 사전적 의미는 '언행이나 상태가 보통과 다르게 특별한 것이 있다'입니다. 평소 부정적인 의미로 사용되는 것과는 달리, 실제 의미는 오히려 긍정적으로 느껴지지 않나요? 저도 이 유난하다의 의미를 extraordinary와 같은 '특별하고 뛰어나다'는 느낌에 가깝다고 생각합니다.

무슨 일을 하든 일의 목적과 가치를 생각하라는 가르침이 많지요. 많은 현인도 자신이 하는 일에 소명의식과 철학을 가지고 임하기를 당부했고요. 우리가 업으로 삼은 일에 큰 꿈을 가지고 원대한 계획을 세우는 경우도 많아요. 하지만 삶의 상당 부분을 차지하는 '요리하고 먹는 일'에는 철학과 원칙을 세우는 경우가 드문 듯합니다. 오히려 "대충 먹어라. 왜 이리 유난이니?"라는 말을 듣는 경우도 있지요.

"나는 이런 가치를 두고 이런 일을 하고 있어요"라고 분명히 말할 수 있는,

목적 의식이 뚜렷한 사람은 참 멋있습니다. 그리고 꼭 그만큼 "나를 사랑하는 방식으로 음식을 먹고 싶습니다"라고 말하는 사람 역시 충분히 멋집니다. 음식에 대한 가치와 철학을 명확히 한 뒤 내가, 그리고 나의 가족이 먹는 식사를 꾸려나가는 일은 어쩌면 제일 중요하고 당연히 유난스러워야 하는 일이 아닐까요? 식품 회사의 마케팅과 홍보, 사기와 상술이 만연한 현대 사회에서는 나만의 중심을 잡고 지켜나갈 고집스러운 식사 기준이 더욱 귀합니다.

소설가 폴 부르제는 "생각하는 대로 살아야 한다. 그렇지 않으면 사는 대로 생각하게 된다"라고 말했습니다. 생각 없이 먹은 음식이 나를 지배하기 전, 먼저 내 가치를 확고히 하고 식사를 대하세요. 그리고 이러한 태도를 유난으로 치부하고 부정적으로 보는 것이 아니라, 우리 모두가 함께 생각하면서 고민하는 일이 되었으면 좋겠습니다.

모든 사람에게 적용되는 정답은 존재하지 않는다는 사실을 인지하는 것도 중요합니다. 자신에게 맞는 식단을 찾으려 노력하는 사람을 비판하기보다, 존중을 먼저 표하기 바랍니다. 그래서 모두가 더 맛있고 건강한 음식을 행복하게 먹는 것을 목표로 삼고, 이를 통해 스스로의 가치와 철학을 잘 지켜나갔으면 합니다. 그때까지 저는 제 식사에 더 '유난'하겠습니다.

부엌이라는 세계, 그리고 나의 부엌

최근 인테리어 유행 중 하나가 배수관을 옮겨 부엌과 거실의 위치를 바꾸는 것이라 합니다. 생각해 보면, 가족이 집에서 가장 자주 모이고 다양한 활동을 하는 곳이 거실보다는 부엌인 것 같아요. 그럼에도 지금껏 부엌은 대체로 거실보다 작고, 채광이 약하고 습도가 높아 쾌적하다는 느낌을 받기 어려운 경우가 많았습니다. 이랬던 부엌이 최근 거실의 자리를 차지하게 되었다니, 확실히 부엌의 위상이 달라졌다는 생각이 듭니다. 이러한 공간 배치 변화는 부엌이라는 공간이 우리 생활에 얼마나 의미가 있는지 새롭게 인식하게 되었기 때문이 아닌가 생각해요.

그런데 사실 제게는 부엌이 언제나 그런 공간이었습니다. 집안의 온기와 향을 담당하고, 집안 살림의 중심을 차지하는 요란하고 활기가 가득한 곳 말이에요. 가끔 부엌의 불이 꺼져 있고 아무런 활동의 기미도 느껴지지 않는 날이면 집 전체가 생명력을 잃은 듯한 느낌을 받았습니다. 그렇게 쓸쓸할 수가 없었거든요. 누군가 요리를 할 때면 지나가며 간을 봐주기도 하고, 메뉴에 대해 묻기도, 특별한 메뉴를 요청하기도 했지요. 부엌 옆 식탁에 앉아서 하루 일과를 공유했고, 밥을 먹다 속상한 일을 이야기하며 울기도, 작은 성과에도 다들 모여 앉아 시끌벅적 축하의 세리머니를 하기도 했습니다. 김장하는 날 부엌은 반가운 사람이 함께 모이는 축제의 공간이었고, 명절 제사상을 준비할 때는 온 가족이 재회하여 요리를 통해 하나가 되곤 했습니다.

그 모든 대단한 일이 부엌에서 일어납니다. 심장이 온몸에 피를 돌리듯, 부엌은 가족이 하루를 살아갈 수 있는 에너지를 선사하는 공간입니다. 반대로 힘든 일을 겪은 날에는 엄마 품에 안기듯 웅크리고 싶은 장소지요. 그 온기와 냄새가 우리에게 아늑함과 안도감을 가져다주기 때문입니다. 어쩌면 부엌은 풍파 많은 바깥일로 지쳐 있을 때 내가 돌아와 위안을 얻을 수 있는, 내 뿌리가 위치한 곳이 아닐까요? 우리 아이에게도 내가 직접 차린 집밥을, 나의 음식을 경험하는 모든 순간이 몸속 깊은 곳에 자리 잡아 평생 동안의 안정감을 줄 수 있기를 기대합니다.

이제 부엌은 제가 뿌리를 내리고 주인공이 되어 가족을 위하는, 온전한 저만의 공간이 되었습니다. 어떤 이들은 바쁜 세상에서 부엌에 있는 시간을 줄이고 더 중요한 '바깥일'을 하라고 말하기도 해요. 하지만 전 반대로 좀 더 부엌에 들어가기를 제안합니다. 부엌에 들어설 때마다 저는 제가 가득 채워지는 느낌입니다. 나와 가족들을 돌보는 마음에 가슴이 벅차오르기도 해요. 그래서 아침에 눈을 뜨면 제일 먼저 식사를 준비하러 부리나케 부엌으로 갑니다. 나의 뿌리가 내려 늘 내 삶과 가족들을 굳건히 지지할 나의 부엌으로.

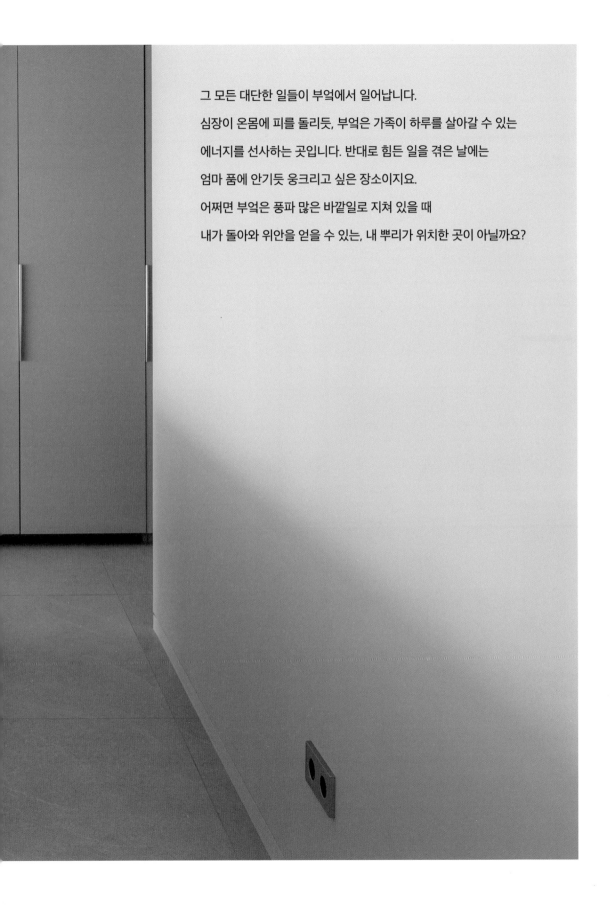

그 모든 대단한 일들이 부엌에서 일어납니다.

심장이 온몸에 피를 돌리듯, 부엌은 가족이 하루를 살아갈 수 있는

에너지를 선사하는 곳입니다. 반대로 힘든 일을 겪은 날에는

엄마 품에 안기듯 웅크리고 싶은 장소이지요.

어쩌면 부엌은 풍파 많은 바깥일로 지쳐 있을 때

내가 돌아와 위안을 얻을 수 있는, 내 뿌리가 위치한 곳이 아닐까요?

내가 매일 하는 집밥은 단순히 영양소를 공급해 주는 먹거리의 의미를 넘어서,

가족에게 매일매일 사랑한다고 말하는 소통의 창구이자,

가족을 유대감으로 묶는 팀 빌딩의 기회이고,

상상 속에 설계한 맛을 탄생시키는 예술 행위이며,

가족이 속상할 때 치유책이 될 수 있는,

기쁠 때는 기쁨의 희열을 증폭시켜 줄 수 있는,

나에게 대단히 중요한 일이자 눈물 나게 감사한 축복입니다.

갱시기국

경상도가 고향이라면 갱시기국, 밥국, 김치밥국, 국시기, 갱국이라 불리는 요리가 익숙할 거예요. 저희 엄마는 밥국이라고 부르곤 하셨는데, 말 그대로 밥으로 끓인 국을 말합니다. 감기 기운이 있을 때 단골 메뉴였는데 어릴 때는 정말 싫던 이 국이 어른이 된 지금은 왜인지 저의 소울푸드가 되었습니다. 음식은 추억이고 사랑이라는 말이 생긴 것도 이 때문인가 봅니다. 엄마의 사랑을 느낄 수 있는 제 추억의 음식을 소개합니다.

재료

콩나물 1줌
다진 김치 1.5컵
찬밥 1/2공기
떡국떡 1컵
대파 2대(각 15cm)
멸치 육수 600ml(47쪽 참고)
김치 국물 1/2컵
참기름 1/2큰술
통깨 1작은술
한식간장 1/2큰술
소금 조금

만드는 법

1. 콩나물의 지저분한 껍질이나 꼬리를 다듬고, 대파는 어슷썰어 준비한다.
2. 준비한 멸치 육수를 냄비에 붓고 육수가 끓기 시작하면 김치와 김치 국물을 넣고 강불에서 3~4분간 팔팔 끓인다.
3. 떡꾹떡과 찬밥을 넣어 3분간 끓이다가 콩나물과 대파를 추가해 3분간 팔팔 끓인다. 이때 맛을 보고 간장과 소금으로 간을 더한다.
4. 불을 끄고 접시에 옮겨 담은 뒤 통깨와 참기름을 뿌려 요리를 마무리한다.

새우달걀 버미셀리

저는 새로운 글루텐 프리 면을 찾으면 기분이 좋아요. 글루텐을 포함하지 않은 버미셀리는 아주 가느다란 쌀국수로 아시아 요리에서 자주 사용합니다. 버미셀리를 새우, 달걀, 부추와 함께 볶으면 국수를 많이 넣지 않아도 국수의 식감을 충분히 느낄 수 있습니다.

재료

글루텐 프리 버미셀리면 30g
자연산 손질 새우 1컵(약 10마리)
부추 40g
동물복지 유정란 2개
올리브오일 1큰술
다진 마늘 1/2큰술
커리 가루 1큰술
한식간장 1큰술
무첨가 멸치액젓 1작은술
물 3큰술
참기름 1큰술

만드는 법

1. 버미셀리는 뜨거운 물에 10분간 불린다. 부추는 씻어서 5~6cm 길이로 자른다.
2. 예열된 프라이팬에 올리브오일을 두르고 다진 마늘을 볶다가 새우를 넣고 뚜껑을 덮어 중불에서 1~2분간 익힌다.
3. 뚜껑을 열어 새우를 한쪽으로 밀어둔 뒤, 빈 자리에 달걀 2개를 넣고 풀어 스크램블을 만든다.
4. 불려둔 버미셀리면과 자른 부추를 넣고 커리 가루, 한식간장, 멸치액젓과 물을 추가해 중불에서 2분간 볶는다. 이때 수분이 너무 적으면 물을 추가한다. 모든 재료가 잘 섞이면 간을 본 뒤 소금을 추가한다.
5. 그릇에 옮겨 담고 참기름과 통깨를 뿌려 요리를 마무리한다.

홀썸팁 --

⊘ 버미셀리면은 너무 오래 볶으면 퍼지고 끊어질 수 있으니 최대한 빠르게 볶아주세요.

우엉 불고기 원 팬 라이스

우엉의 독특한 흙향과 목초육 불고기의 맛이 어우러지는 원 팬 라이스 레시피입니다. 이번 레시피에서는 대파가 빠져서는 안 되는데요. 자칫 단조로울 수 있는 요리에 대파의 향과 풍미가 더해져 더욱 매력적으로 즐길 수 있기 때문입니다. 고기는 불고기용으로 구입해야 더욱 부드럽게 즐길 수 있어요.

재료

목초육 소고기 200g(불고기용)
우엉 1대
백미 1컵
대파 1대(15cm)
생수 0.8컵
생들기름 1큰술
올리브오일 1큰술
통깨 조금

양념

한식간장 1.5큰술
다진 마늘 1/2큰술
무첨가 요리술 1큰술(선택)

만드는 법

1. 흐르는 물에 우엉을 깨끗이 씻고 껍질은 필러를 사용해 벗긴 뒤 칼로 얇게 저민다. 대파는 얇게 채 썰고 백미는 흐르는 물에 여러 번 씻어 10분간 불린다.
2. 작은 볼에 양념 재료를 모두 넣어 잘 섞고 불고기용 소고기가 담겨 있는 큰 볼에 부어 잘 섞은 뒤 10분간 재워둔다.
3. 예열한 프라이팬에 올리브오일을 두른 뒤 자른 우엉을 넣고 볶다가 재워둔 불고기를 한 장씩 넣어 서로 달라붙지 않도록 유의하며 2~3분간 볶는다.
4. 고기가 80% 정도 익었을 때 불린 쌀을 넣고 짧게 볶다가 쌀이 살짝 잠길 정도로 물을 넣고 강불로 올려 끓인다.
5. 밥물이 끓기 시작하면 약불로 줄이고 썰어둔 대파를 올린 뒤 뚜껑을 닫아 15분간 익히다가 불을 끄고 5분간 뜸을 들인다.
6. 뚜껑을 열어 생들기름을 두르고 통깨를 뿌려 요리를 마무리한다.

홀썸팁

⊘ 저탄수로 먹고 싶을 때는 쌀의 양을 조절해 탄수화물 섭취량을 조절합니다.

딸기바나나 오트쿠키

이 쿠키 레시피는 어린아이도 만들 수 있을 만큼 간단하고 쉬워서 아이와 함께 만들면 소중한 추억으로 남기기 좋은 요리예요. 쿠키 틀도 필요 없이 무심하게 손으로 둥글게 말아 모양만 잡으면 완성이거든요. 바나나로 단맛을, 딸기로 상큼함을, 오트밀로 고소함을 더한 매력적인 쿠키입니다.

재료

바나나 1개
유기농 딸기 4~5개
동물복지 유정란 1개
유기농 오트밀 1컵
현미가루 1컵

만드는 법

1. 딸기는 꼭지를 제거하고 씻은 뒤 듬성듬성 작게 자른다.
2. 큰 볼에 잘 익은 바나나를 넣고 포크로 으깬 뒤 손질한 딸기와 오트밀, 현미가루, 달걀을 추가해 섞으며 쿠키 반죽을 만든다.
3. 쿠키 1개 분량으로 반죽을 떠 오븐용 트레이 위에 적당한 간격을 두고 올린다.
4. 170도로 예열한 오븐에 반죽을 넣고 25분간 굽는다.
5. 구운 쿠키를 꺼내 5분간 식힘망에 올려 요리를 마무리한다.

홀썸팁

⊘ 바나나와 딸기를 너무 으깨면 수분이 많아져 눅눅해질 수 있습니다. 입자감이 적당히 살아 있도록 합니다.
⊘ 오트밀은 잔여 농약이 많을 수 있는 식재료이기 때문에 유기농 제품을 쓰기를 권합니다.
⊘ 쿠키 반죽이 다소 무르더라도 구우면 모양이 잡히니 걱정하지 마세요.

허브 치킨미트볼

닭고기 다짐육과 함께 여러 가지 채소, 허브를 가득 넣은 이 요리는 아이에게 균형 잡힌 영양을 선물할 수 있는 고마운 메뉴입니다. 치킨 미트볼만 먹어도 좋지만, 다양한 디핑소스나 드레싱을 뿌려 먹으면 색다르게 즐길 수 있어요. 토마토소스를 활용해 미트볼 파스타로 만들어도 좋습니다.

재료

다진 유기농 닭고기 500g
다진 당근 1/2컵
다진 돼지호박 1/3컵
다진 양파 1/2컵
동물복지 유정란 1개
다진 파슬리 2큰술
아몬드 가루 3큰술
오레가노 가루 1/2작은술
소금과 후추 조금

드레싱

치미추리 소스(173쪽 참고)

만드는 법

1. 큰 볼에 준비한 재료를 모두 넣고 잘 섞어 미트볼 반죽을 만든다.

2. 반죽을 주먹 크기로 덜어 손바닥으로 굴려 작은 공 모양(약 20개)으로 만든 뒤 오븐용 트레이에 적당한 간격을 두고 올린다.

3. 200도로 예열한 오븐에 미트볼을 넣고 겉면에 갈색빛이 살짝 돌 때까지 25~30분간 굽는다.

4. 접시에 옮겨 담은 뒤 치미추리 소스를 부어 요리를 마무리한다.

홀썸팁

⊘ 완성된 미트볼은 냉장실에서 2~3일, 냉동실에서 1달 정도 보관 가능합니다.

갑오징어뭇국

오징어를 오래 익히면 식감이 질겨지는데, 그렇게 익힌 오징어를 저희 아들은 잘 먹지 않더라고요. 그래서 오징어의 부드러운 매력을 살릴 수 있는 이번 레시피를 생각해 냈습니다. 갑오징어를 활용해 뭇국을 끓이면 깔끔하고 시원한 맛이 무척 매력적이고, 부드러운 오징어의 식감도 살아 소화의 부담도 줄일 수 있습니다.

재료

냉동 손질 갑오징어 300g
무 1/2개
대파 1대
다진 마늘 2/3큰술
한식간장 1~2큰술
생수 1리터
소금 조금

만드는 법

1. 냉동 갑오징어는 물에 담가 해동한 후 흐르는 물에 깨끗이 씻어 먹기 좋은 크기로 자른다. 대파는 잘게 썰고, 무는 어슷썰어 준비한다.
2. 냄비에 잘라둔 무, 파, 다진 마늘을 넣고 물 1~2컵을 부은 뒤 뚜껑을 닫아 중강불에서 2~3분간 끓인다.
3. 물이 끓어오르면 냄비에 갑오징어와 남은 물을 넣고 한식간장과 소금으로 간한 뒤 중강불에서 10분간 끓인다.
4. 무가 부드럽게 익으면 불을 끄고 그릇에 옮겨 담아 요리를 마무리한다.

홀썸팁

⊘ 얼큰하게 먹고 싶다면 고춧가루를 추가하세요.

아보카도 딸기샐러드

언젠가 잡지에서 딸기와 아보카도가 함께 놓인 사진을 보고 너무 맛있어 보여 만든 레시피입니다. 딸기가 제철인 겨울과 봄에 만들어 먹으면 정말 상큼해요. 딸기와 발사믹식초는 궁합도 좋고 풍미 면에서도 일품입니다. 만들기도 간단해 5분 안에 탄생되는 스피드 메뉴로 든든한 포만감도 느낄 수 있는 샐러드예요.

재료

유기농 딸기 8~10개
아보카도 중과 1개
어린잎채소 120g
후추 조금
볶은 아몬드 1줌(토핑용)

드레싱

발사믹 비니그레트(172쪽 참고)

만드는 법

1. 딸기는 반으로 자른다. 아보카도는 껍질을 벗겨 씨를 제거하고 얇게 저민다. 볶은 아몬드는 칼로 잘게 다진다.
2. 어린잎채소에 발사믹 비니그레트를 둘러 가볍게 섞은 뒤 접시에 담는다.
3. 마지막으로 딸기와 아보카도를 올리고 다진 아몬드와 후추를 뿌려 마무리한다.

홀썸팁

⊘ 딸기는 잔류 농약이 많을 수 있으므로 가능한 한 친환경 제품으로 구매하는 것이 좋아요.
⊘ 볶은 아몬드를 추가하면 영양과 맛, 식감이 더욱 좋아져요.

아보카도새우 3단 라이스케이크

같은 음식이라도 플레이팅에 따라 맛과 경험이 달라지지요. 이번 레시피는 흔한 조합인 아보카도와 새우를 3단으로 쌓아 색다른 밥케이크로 만들었습니다. 가족과 뷔페에 갔을 때 비슷한 모양의 초밥을 보고 아이디어를 얻었답니다. 같은 재료라도 색다른 맛처럼 느껴질 거예요!

재료

자연산 새우 2컵
아보카도 중과 1개
백미밥 400ml
어린잎채소 1컵
올리브오일 1큰술

새우 시즈닝

파프리카 가루 1작은술
마늘가루 1작은술
소금 조금

아보카도소스

유기농 레몬즙 1작은술
올리브오일 1작은술
소금과 후추 조금

만드는 법

1. 새우는 껍질과 내장을 제거한 후 잘게 다진다. 어린잎채소는 흐르는 물에 깨끗이 씻고 물기를 제거한다. 잘 후숙된 아보카도는 껍질과 씨를 제거한다.

2. 큰 볼에 새우 시즈닝과 다진 새우를 넣고 골고루 잘 섞는다. 다른 볼에는 아보카도소스와 손질한 아보카도를 넣어 으깨가며 잘 섞는다.

3. 예열한 프라이팬에 올리브오일을 두르고 시즈닝한 새우를 넣은 뒤 새우가 다 익을 때까지 볶고, 새우가 다 익으면 꺼내서 한 김 식힌다.

4. 깊이감이 있는 밥공기 맨 아래에 볶은 새우를 깔고 그 위에 으깬 아보카도와 밥을 순서대로 쌓은 뒤 꾹꾹 눌러 모양을 잡아준다.

5. 접시에 밥그릇을 뒤집어 올려 케이크 모양을 잡는다. 밥케이크 맨 위에 씻어둔 어린잎채소를 올려 요리를 마무리한다.

감자 새우완자탕

제가 홍콩 여행을 가면 꼭 먹는 음식이 있는데요. 바로 새우완자탕입니다. 이번 레시피에서 느껴지는 새우의 감칠맛과 고소한 육수가 저를 잠시나마 홍콩으로 데려다주는 듯해요. 평소에는 밥과 함께 국처럼 곁들여 먹지만, 배추나 청경채를 넉넉히 넣으면 밥 없이도 식사를 끝낼 수도 있어요. 이번 레시피에는 든든함을 더하기 위해 감자를 추가했습니다. 소화도 잘 되고 부담스럽지 않은, 기분 좋은 식사를 할 수 있을 거예요.

재료

자연산 새우 2컵
국내산 감자 3개(작은 것)
청경채 5개
느타리버섯 1컵
국내산 감자전분 1큰술
마늘가루 1/2작은술
멸치 육수 800ml(47쪽 참고)
한식간장 1큰술
소금과 후추 조금

만드는 법

1. 냉동 새우는 물에 담가 해동한 뒤 껍질과 내장을 제거하고 입자가 살아 있는 정도로 다진 뒤 큰 볼에 담아 감자 전분과 마늘가루를 넣고 잘 버무린다.

2. 감자는 껍질을 벗기고 먹기 좋게 한 입 크기로 자른다. 느타리버섯은 밑동을 자르고 먹기 좋은 크기로 찢는다.

3. 냄비에 멸치 육수를 넣고 끓이다가 한 번 끓어오르면 손질한 감자를 넣고 중불에서 익힌다. 감자가 살짝 익었을 때 숟가락을 이용해 새우 반죽을 한 입 크기로 떼어내 완자 모양을 만들어 육수에 넣는다. 새우 완자가 익을 때까지 2~3분간 끓인다.

4. 청경채와 느타리버섯을 넣고 간장과 소금으로 간을 한 뒤 중불에서 2분간 더 끓인다.

5. 그릇에 옮겨 담고 후추를 뿌려 요리를 마무리한다.

홀썸팁 --

⊘ 매콤한 맛을 원한다면 먹기 전 고추기름을 한 바퀴 둘러보세요.

⊘ 탄수화물 섭취를 줄이고 싶다면 감자를 빼도 좋아요.

하이프로틴볼

흰강낭콩 병조림을 맛있게 활용할 수 있는 레시피입니다. 흰강낭콩 덕분에 단백질이 풍부한 데다 속까지 든든한 비건 요리로, 토마토의 감칠맛과 흰강낭콩의 부드러운 식감이 조화로울 뿐만 아니라 바질 페스토를 활용한 고소한 드레싱을 뿌려 더욱 특별해요. 저희 남편이 좋아하는 아침 메뉴이기도 합니다.

재료

흰강낭콩 병조림 1컵
방울토마토 15~20개
익힌 퀴노아 1/2컵
다진 마늘 1작은술
올리브오일 1큰술
바질 페스토 1큰술
소금과 후추 조금

만드는 법

1. 방울토마토를 반으로 자른다.
2. 예열한 프라이팬에 올리브오일을 두르고 다진 마늘을 볶다가 손질한 방울토마토를 추가한 뒤 뚜껑을 닫아 중약불에서 찌듯이 익힌다. 뚜껑을 열어 숟가락으로 방울토마토를 으깬다.
3. 프라이팬에 흰강낭콩을 추가한 뒤 잘 섞어가며 3분간 익힌다. 이때 소금으로 간을 하고 흰강낭콩의 일부를 숟가락으로 으깬다.
4. 그릇에 옮겨 담고 익힌 퀴노아를 올린 후 후추를 뿌리고 바질 페스토를 올려 요리를 마무리한다.

홀썸팁

⊙ 방울토마토 대신 일반 토마토를 사용해도 괜찮습니다.
⊙ 그냥 먹어도 좋고, 현미 누룽지를 곁들이거나 사워도우 빵을 곁들여도 좋습니다.
⊙ 흰강낭콩 병조림은 발투센의 유기농 제품을 이용합니다. 익혀 나오기 때문에 조리가 더욱 간편해요.

병아리콩 아보카도소스와 현미 누룽지

저는 바삭한 식감을 굉장히 좋아해요. 밀가루를 끊고 가장 그립고 아쉬운 것 역시 아삭한 과자의 식감이었는데 그 빈자리를 대신한 것이 바로 현미 누룽지입니다. 저는 누룽지를 수프나 소스에 많이 찍어 먹는데, 그중 단연 궁합이 좋은 것이 아보카도소스입니다. 아보카도와 함께 병아리콩을 으깨고 바질 페스토를 추가하면 단백질과 감칠맛도 더할 수 있습니다. 아이들 간식으로, 간단한 아침 식사로 즐겨보세요.

재료

현미 누룽지 1장
아보카도 중과 1개
바질 페스토 3큰술(82쪽 참고)
적양파 1/4개
익힌 병아리콩 1/3컵(70쪽 참고)

양념

레몬즙 1큰술
올리브오일 2큰술
소금과 후추 조금

만드는 법

1. 후숙된 아보카도는 껍질을 벗겨 씨를 제거하고, 양파는 잘게 다진다.
2. 큰 볼에 아보카도와 익힌 병아리콩을 넣고 포크로 으깬 뒤, 잘라둔 양파와 바질 페스토, 그리고 양념 재료를 모두 넣고 잘 섞는다.
3. 완성된 소스를 그릇에 담고 현미 누룽지를 함께 담아 마무리한다.

홀썸팁

⊘ 현미 누룽지 외에도 100% 현미칩이나 현미뻥과 함께 먹어도 맛있어요.

레몬생강 감기차

요즘 저는 커피의 빈자리를 다양한 차로 채우고 있어요. 카페인이 포함되지 않은 차를 주로 마시는데 지금 소개할 레몬생강 감기차가 그중 하나입니다. 레몬의 비타민C가 면역력을 키워줄 뿐만 아니라, 위장 건강에 좋은 생강 덕분에 소화에도 도움이 됩니다. 특히 이 차 덕분에 겨울의 불청객인 수족 냉증 증상이 많이 완화되었어요. 추운 겨울 몸이 으슬으슬할 때 자주 꺼내 먹곤 해서 우리 가족은 '감기차'라고도 부릅니다.

재료

유기농 레몬 3개
생강 150g
베이킹소다 1~2큰술

만드는 법

1. 레몬은 베이킹소다를 뿌려 문질러 닦은 후 흐르는 물에 깨끗이 씻고 4~5등분한 뒤 씨를 모두 제거한다. 생강도 껍질째 흐르는 물에 깨끗이 씻는다.
2. 손질한 레몬과 생강을 블렌더에 넣고 곱게 간다.
3. 곱게 간 레몬과 생강을 5ml 크기의 냉동 얼음 틀에 넣고 하루 동안 얼린다.
4. 레몬생강큐브를 하나씩 분리하고 지퍼 백에 담아 냉동 보관한다.

홀썸팁

- ✓ 찻잔에 보관한 큐브 1개를 담고 뜨거운 물을 부어주면 따뜻한 레몬생강 감기차가 완성됩니다.
- ✓ 레몬 껍질은 영양소를 많이 포함하기 때문에 껍질과 함께 통째로 갈아주세요. 물론 취향에 따라 껍질을 제거해 사용해도 무방합니다.
- ✓ 차를 만들 때 기호에 따라 꿀이나 배농축액을 추가해도 좋습니다.
- ✓ 취향에 따라 물의 양을 조절해 주세요.
- ✓ 외국산 레몬은 보존제, 살균제, 왁스 처리가 되어 있기 때문에 유기농 국내산 레몬을 사용하기를 추천해요.

병아리콩 아몬드 고구마팝콘

저희 가족은 주말 저녁에 영화를 보는 무비 나이트 시간을 갖는데요. 이때 팝콘 대신 특제 스낵인 병아리콩 아몬드 고구마팝콘을 먹어요. 익힌 병아리콩을 밀프렙해 두었다면 더욱 간단하게 만들 수 있습니다. 병아리콩과 함께 깍뚝 썬 고구마와 구운 아몬드를 곁들이면 더욱 맛있게 먹을 수 있습니다.

재료

익힌 병아리콩 2컵(70쪽 참고)
고구마 1~2개
파프리카 가루 1/2작은술
마늘가루 1/2작은술
올리브오일 1작은술
소금 조금
커민 가루 1/2작은술(선택)
구운 아몬드 1컵(선택)

만드는 법

1. 고구마는 껍질째 가로세로로 1cm 크기로 깍뚝썰기한다.
2. 오븐용 트레이에 익힌 병아리콩과 자른 고구마를 올리고 올리브오일을 뿌린 뒤 파프리카 가루와 마늘가루, 커민 가루를 뿌려 재료에 골고루 묻힌다. 이때 소금으로 간한다.
3. 190도로 예열한 오븐에서 20분간 굽는다.
4. 재료가 모두 익으면 오븐에서 꺼낸 뒤 구운 아몬드를 넣어 섞고 그릇에 옮겨 담아 요리를 마무리한다.

홀썸팁

⊘ 취향에 따라 양념에 사용한 향신료의 종류와 양을 조절해 보세요.
⊘ 완성된 병아리콩 스낵은 샐러드 위 토핑으로 뿌려 먹거나 수프 토핑으로 활용해도 좋아요.

당근 라페를 올린 치킨스테이크

누구나 멋지게 차려 먹고 싶을 때가 있잖아요? 이 메뉴는 밀프렙해 둔 라페와 마리네이드해 둔 치킨으로 정말 빠르고 간단히, 하지만 멋지게 완성할 수 있는 메뉴입니다. 잎채소 샐러드를 곁들이면 영양 면에서도 더욱 좋습니다.

재료

산뜻 마리네이드 닭정육 200g
(72쪽 참고)
당근 라페 1/2컵(80쪽 참고)

만드는 법

1. 마리네이드한 닭정육을 예열해 둔 프라이팬에 올린 뒤 중불에서 앞뒤로 노릇하게 굽는다.
2. 접시에 잘 읽은 닭고기를 담고 그 위에 당근 라페를 올린다.
3. 원하는 샐러드를 곁들여 요리를 완성한다.

홀썸팁 ··

⊘ 오븐을 활용하면 요리가 더욱 쉬워져요. 200도로 예열한 오븐에 닭고기를 20분간 굽고 한 번 뒤집어서 10분 더 굽습니다. 속살까지 잘 익었는지 확인하세요.

⊘ 치킨스테이크와 당근 라페, 그리고 잎채소를 속재료로 샌드위치를 만들어보세요. 간단한 점심 도시락으로 손색이 없습니다.

홀썸 아몬드시트케이크

결혼기념일이나 발렌타인데이를 축하하기 위해 제가 종종 만드는 아몬드 케이크 레시피입니다. 이 레시피는 코팅된 틀을 사용하지 않고 오븐용 스테인리스 트레이를 활용해 시트 케이크처럼 구워 팬케이크 느낌도 나는, 더욱 특별한 저탄수 베이킹 메뉴입니다.

재료

동물복지 유정란 4개
껍질을 벗긴 아몬드 가루 2컵
(480ml)
베이킹파우더 1작은술
비정제 설탕 2큰술
소금 조금
아몬드 슬라이스 또는
무첨가 초콜릿칩 1줌(선택)

만드는 법

1. 큰 볼에다 체로 아몬드 가루를 곱게 친 다음 베이킹파우더, 비정제 설탕, 소금을 넣고 잘 섞다가 달걀 4개를 추가해 한 번 더 섞으며 케이크 반죽을 만든다.
2. 오븐용 스테인리스 트레이에 반죽을 붓고 윗부분을 평평하게 펴준 뒤, 아몬드 슬라이스나 초콜릿칩을 토핑으로 뿌린다.
3. 180도로 예열한 오븐에 반죽을 넣고 20~25분간 굽는다.
4. 구운 케이크를 꺼내 한 김 식혀 마무리한다.

홀썸팁 --

⊘ 케이크에 사용한 설탕의 양은 취향과 건강 상태에 따라 조절하세요.

배달 대신 홈로스트치킨

축구 경기와 같은 스포츠 행사가 있을 때 배달 치킨을 많이 시켜 먹잖아요? 그런데 오븐을 활용해 직접 치킨을 구워 먹으면 더 저렴하고, 더 건강하게 즐길 수 있답니다. 소금과 허브로 시즈닝하고 오븐에 굽기만 하면 간단히 요리가 완성되니 배달 앱을 켜는 대신 홈메이드 치킨에 도전해 보는 건 어떠세요?

재료

무항생제 동물복지 통닭 또는
유기농 통닭 1kg
국내산 감자 3개
당근 1~2개
양파 1개
유기농 레몬 1개

소스

올리브오일 2큰술
이탈리안 시즈닝 2작은술
레몬즙 1작은술
다진 마늘 1/2작은술
소금 1/2작은술

만드는 법

1. 닭의 꽁지, 목, 날개 끝부분과 필요 없는 지방과 내장을 가위로 잘라 내고, 키친타월로 닭 표면의 수분기를 제거한다.
2. 감자와 당근은 껍질째 먹기 좋은 크기로 자르고, 양파와 레몬은 반으로 잘라 닭 속에 넣어둔다.
3. 작은 볼에 소스 재료를 모두 넣고 잘 섞는다.
4. 오븐용 트레이에 닭과 손질한 채소를 올리고 닭 표면에 소스를 골고루 바른 뒤 190도로 예열한 오븐에 넣고 60~70분 동안 굽는다.
5. 닭을 꺼내 5분간 식혀 요리를 완성한다.

홀썸팁

⊘ 치킨무보다 건강하고 맛있는 채소 라페(80쪽 참고)와 함께 즐겨보세요..

모든 사람이 요리의 즐거움을 깨닫기를 바랍니다.

매일 부엌에 들어가고 요리하는 일이

인생의 작고도 거대한 행복이 되었으면 좋겠어요.

매일의 건강 집밥이 불러온
놀라운 일상의 기적

홀썸의 집밥 예찬

초판 1쇄 발행 2024년 5월 21일
초판 6쇄 발행 2024년 9월 12일

지은이 홀썸모먼트
펴낸이 김선식

부사장 김은영
콘텐츠사업본부장 박현미

기획편집 이한결   **책임마케터** 문서희
콘텐츠사업7팀장 김단비   **콘텐츠사업7팀** 이한결, 남슬기
마케팅본부장 권장규   **마케팅1팀** 최혜령, 문서희, 오서영, 문서희   **채널1팀** 박태준
미디어홍보본부장 정명찬   **브랜드관리팀** 오수미, 김은지, 이소영, 서가을
뉴미디어팀 김민정, 이지은, 홍수경, 변승주
지식교양팀 이수인, 염아라, 석찬미, 김혜원, 백지은, 박장미, 박주현
편집관리팀 조세현, 김호주, 백설희 **저작권팀** 이슬, 윤제희
재무관리팀 하미선, 윤이경, 김재경, 임혜정, 이슬기
인사총무팀 강미숙, 지석배, 김혜진, 황종원
제작관리팀 이소현, 김소영, 김진경, 최완규, 이지우, 박예찬
물류관리팀 김형기, 김선민, 주정훈, 김선진, 한유현, 전태연, 양문현, 이민운
외부스태프 디자인 studio forb **촬영** 스튜디오 etc.

펴낸곳 다산북스   **출판등록** 2005년 12월 23일 제313-2005-00277호
주소 경기도 파주시 회동길 490   **전화** 02-704-1724   **팩스** 02-703-2219
이메일 dasanbooks@dasanbooks.com   **홈페이지** dasan.group   **블로그** blog.naver.com/dasan_books

종이 (주)신승아이엔씨   **인쇄·제본** 한영문화사   **코팅·후가공** 평창피앤지

ISBN 979-11-306-5304-4 (13590)